高职高专机电类专业系列教材

机电一体化技术概论

梁广瑞　蒋兴加　主　编
熊治文　副主编
宋瑞娟　覃祖和　周宇权　参　编

机械工业出版社

本书根据高职高专机电一体化技术和电气自动化技术专业的培养目标编写而成，集成了先进的机电一体化、自动化技术，每章内容既自成体系，又有机衔接，为模块化教学奠定了良好的基础。本书还立足于融合基本理论和基本技能，突出职业教育特色、淡化理论、注重技能和能力训练；注重学生分析问题、解决问题和创新能力的培养。

本书由绪论、自动控制技术、传感器技术、伺服驱动技术、液压传动与气动技术、机械传动系统、工业机器人概述7章组成。

本书不仅可作为高职高专机电一体化技术、电气自动化技术等专业的教学用书，也可供生产一线的技术、管理、运行等相关人员参考使用。为方便教学，本书配有电子课件，凡选用本书作为教材的学校，均可登录机工教育服务网（www.cmpedu.com）或来电索取。联系电话：010-88379375。

图书在版编目（CIP）数据

机电一体化技术概论/梁广瑞，蒋兴加主编．—北京：机械工业出版社，2019.10（2025.2重印）

高职高专机电类专业系列教材

ISBN 978-7-111-63811-7

Ⅰ.①机… Ⅱ.①梁… ②蒋… Ⅲ.①机电一体化-高等职业教育-教材 Ⅳ.①TH-39

中国版本图书馆 CIP 数据核字（2019）第213190号

机械工业出版社（北京市百万庄大街22号　邮政编码100037）
策划编辑：高亚云　　　责任编辑：高亚云　陈文龙
责任校对：潘　蕊　张晓蓉　封面设计：鞠　杨
责任印制：张　博
北京建宏印刷有限公司印刷
2025年2月第1版第11次印刷
184mm×260mm · 9.5印张 · 234千字
标准书号：ISBN 978-7-111-63811-7
定价：35.00元

电话服务　　　　　　　　　网络服务
客服电话：010-88361066　　机　工　官　网：www.cmpbook.com
　　　　　010-88379833　　机　工　官　博：weibo.com/cmp1952
　　　　　010-68326294　　金　书　网：www.golden-book.com
封底无防伪标均为盗版　　　机工教育服务网：www.cmpedu.com

前　言

高等职业教育培养的人才是面向生产一线的技术型人才。培养会思考、会学习、会应用，既掌握一定的专业理论知识，又具有较强专业实践技能的高素质人才，是高等职业教育的基本目标。

本书是依照高职高专机电一体化、电气自动化技术专业的人才培养目标和相应职业技能的要求，同时兼顾其他专业的培养方案编写的。为更好地适应当前高等职业教育跨越式发展需要，对接教研、教改成果，适应机电一体化、电气自动化技术的发展，编者将新知识、新技术、新方法、新理念融合到教学实践中，并以此开展教材编写工作。本书在编写中突出以下特点：

1. **以机电一体化、电气自动化技术的基本理论、基本技能为主线**，突出理论教学与实践训练相结合，以理论知识够用为度，加强实际应用能力的培养，对接双证融通考核点。

2. **突出高职特色，注重技能和能力训练**，注重培养学生分析问题、解决问题的能力，提升专业技能，并为实施"学生为主体、老师为主导"的先进教学理念提供有效"载体"。

3. **结构安排合理，便于组织教学**。内容层次清晰，教学内容可根据专业、学生、学时、实验室等实际情况灵活调整。

本书由广西机电职业技术学院梁广瑞、蒋兴加任主编并统稿，熊治文任副主编，宋瑞娟、覃祖和、周宇权参与编写。

莫胜撼教授审阅了全书，并提出了许多宝贵意见和建议。本书在编写过程中，得到了兄弟院校同仁的大力支持，在此一并表示衷心感谢。

由于编者水平所限，不足之处，恳请读者批评指正。

编　者

目 录

前 言
第 1 章 绪论 ·· 1
  1.1 机电一体化的概念 ·· 1
  1.2 工业应用中的典型机电一体化产品 ·· 2
  1.3 机电一体化系统的构成 ·· 3
  1.4 机电一体化关键技术 ·· 4
  1.5 本课程的学习目的和要求 ··· 5
  习题与思考题 ·· 6

第 2 章 自动控制技术 ··· 7
  2.1 自动控制基础 ··· 8
    2.1.1 自动控制系统的基本概念 ·· 8
    2.1.2 自动控制系统的组成 ·· 10
    2.1.3 自动控制系统的分类 ·· 10
    2.1.4 自动控制系统的基本要求 ·· 11
  2.2 自动控制系统的数学模型 ·· 15
    2.2.1 数学模型的基本知识 ·· 15
    2.2.2 典型环节的数学模型 ·· 17
    2.2.3 系统的数学模型 ·· 18
  2.3 自动控制系统的分析 ·· 20
    2.3.1 一阶系统阶跃响应分析 ·· 21
    2.3.2 二阶系统阶跃响应分析 ·· 21
    2.3.3 系统稳定性分析 ·· 22
    2.3.4 MATLAB 在系统分析中的应用 ···································· 23
  2.4 自动控制系统校正 ··· 24
    2.4.1 系统校正概述 ·· 24
    2.4.2 PID 控制规律 ·· 25
  2.5 单回路控制系统 ··· 28
    2.5.1 系统的组成与原理 ·· 28
    2.5.2 系统方案设计 ·· 29
    2.5.3 系统的安装与操作 ·· 33
    2.5.4 系统的运行与调试 ·· 33
    2.5.5 系统的故障分析和处理 ·· 35

2.6 复杂控制系统概述 ·· 36
　2.6.1 串级控制的基本原理与结构 ··· 36
　2.6.2 串级控制的设计 ··· 37
2.7 随动控制系统概述 ·· 38
　2.7.1 随动控制的基本概念 ·· 38
　2.7.2 随动控制系统的设计及分析 ··· 39
2.8 双闭环直流电动机调速系统仿真实验 ··· 43
本章小结 ··· 44
习题与思考题 ·· 45

第3章 传感器技术 ·· 48

3.1 传感器概述 ·· 48
　3.1.1 传感器的定义 ··· 48
　3.1.2 传感器的组成 ··· 48
　3.1.3 传感器的分类及信号预处理 ··· 49
3.2 速度传感器 ·· 50
　3.2.1 测速发电机 ·· 50
　3.2.2 光电式转速传感器 ·· 50
　3.2.3 磁电式转速传感器 ·· 52
3.3 位置传感器 ·· 54
　3.3.1 霍尔位置传感器 ··· 54
　3.3.2 光电位置传感器 ··· 55
　3.3.3 电涡流式位置传感器 ··· 58
3.4 位移传感器 ·· 59
　3.4.1 光电编码器 ·· 59
　3.4.2 光栅尺 ·· 61
　3.4.3 其他位移传感器 ··· 63
3.5 信号预处理技术 ··· 66
　3.5.1 传感器信号的检出 ·· 66
　3.5.2 输出信号的抗干扰 ·· 66
本章小结 ··· 68
习题与思考题 ·· 69

第4章 伺服驱动技术 ··· 70

4.1 概述 ··· 70
　4.1.1 伺服电动机的特点 ·· 70
　4.1.2 伺服电动机的三种控制方式 ··· 71
　4.1.3 步进电动机的伺服特点 ·· 72
4.2 交流永磁同步伺服电动机及交流伺服驱动器 ······································· 72
　4.2.1 交流永磁同步伺服电动机 ·· 72
　4.2.2 交流伺服驱动器 ··· 74
4.3 步进电动机及其驱动器 ··· 79
　4.3.1 步进电动机的结构和工作原理 ·· 79
　4.3.2 步进电动机驱动器的使用 ·· 81

  4.3.3 步进电动机的技术指标 ··············· 83
 本章小结 ····················· 83
 习题与思考题 ··················· 84

第5章 液压传动与气动技术 ············· 85
 5.1 液压传动 ··················· 86
  5.1.1 液压传动的基本知识 ··············· 86
  5.1.2 液压传动的工作原理 ··············· 86
  5.1.3 液压传动系统的组成 ··············· 87
  5.1.4 典型液压传动系统 ················ 91
 5.2 气压传动 ··················· 94
  5.2.1 气压传动的基本知识 ··············· 94
  5.2.2 气压传动的工作原理 ··············· 95
  5.2.3 气压传动系统的组成 ··············· 96
  5.2.4 典型气压传动系统 ················ 99
 5.3 电液控制回路 ················· 102
 液压与气动实验 ················· 104
 本章小结 ···················· 107
 习题与思考题 ·················· 108

第6章 机械传动技术 ················ 109
 6.1 机械传动系统概述 ··············· 109
 6.2 机械传动系统的分类 ·············· 110
 6.3 机械传动系统的设计 ·············· 111
  6.3.1 带传动 ····················· 111
  6.3.2 齿轮传动 ···················· 117
  6.3.3 滚珠丝杠副传动 ················· 122
 本章小结 ···················· 132
 习题与思考题 ·················· 133

第7章 工业机器人概述 ··············· 134
 7.1 机器人的定义 ················· 134
 7.2 工业机器人 ·················· 135
  7.2.1 工业机器人的基本工作原理 ············ 135
  7.2.2 工业机器人的特点 ················ 135
  7.2.3 工业机器人的关键组成 ·············· 137
  7.2.4 工业机器人的主要技术参数 ············ 139
  7.2.5 工业机器人的坐标系 ··············· 142
  7.2.6 工业机器人的编程 ················ 143
 本章小结 ···················· 144
 习题与思考题 ·················· 144

参考文献 ····················· 146

第1章

绪　　论

> **学习要求**
> 1. 理解机电一体化的概念。
> 2. 了解典型的机电一体化产品。
> 3. 理解机电一体化系统的构成。
> 4. 了解机电一体化的关键技术。
> 5. 明确本课程的学习目的和要求。

1.1　机电一体化的概念

机电一体化又称机械电子学，英文称为 mechatronics，由英文机械学 mechanics 的前半部分与电子学 electronics 的后半部分组合而成，该词最早出现在 1971 年日本杂志《机械设计》的副刊上。随着机电一体化技术的快速发展，机电一体化的概念得到了广泛接受和普遍应用。机电一体化技术是将机械技术、电工电子技术、微电子技术、信息技术、传感器技术、接口技术、信号变换技术等多种技术进行有机地结合，并综合应用到实际中的综合技术。今天，随着电子技术、计算机应用技术，特别是以单片机为代表的嵌入式技术的不断推广与发展，不但现代化的自动化生产设备几乎都是机电一体化设备，就连近年来"新潮"的数控车床、3D 打印机、工业机器人、四轴飞行器等，以及诸如冰箱、洗衣机、电热水器等日常家电产品基本上也都是机电一体化产品。典型机电一体化产品如图 1-1 所示。

对机械设备的发展历史有一个整体的了解可以更好地理解机电一体化的概念。18 世纪英国发起了第一次技术革命，蒸汽机作为动力机被广泛使用，这是一次技术发展史上的巨大革命，它开创了由机器替代手工工具的时代。这一时代机械设备的最大特点是蒸汽机作为动力源，以今天的眼光看来，蒸汽机的缺点是很明显的，首先它离不开庞大又笨重的锅炉，大家可以想象一下家里的洗衣机如果用蒸汽机作为动力源是多么笨重。另外，蒸汽机效率不高，功率输出难以控制，这一时期的机械设备可以说与电没有任何关系。

19 世纪 60 年代后期，欧美日等开始第二次技术革命，电器开始被广泛应用，人类社

图1-1 典型机电一体化产品

会进入了"电气时代",发电机与电动机的实用性改进与应用所引起的技术变革对于机械制造乃至人类文明的影响与改变丝毫不逊色于一个世纪前的蒸汽机。电动机的出现引爆了人类的发明激情,由于不再受限于蒸汽机的笨重庞大、效率低、难以控制等缺点,各行各业以及日常生活井喷式地出现了以电动机为基础的各种发明,人类第一次将电与机械和谐地结合起来,但是这一时期的机电设备还是粗糙的、低效的、开环的或控制不精确的。

20世纪四五十年代起,一些新兴技术引发了第三次技术革命,这次技术革命以原子能技术、空间技术、电子技术、计算机技术、激光技术的应用为代表。这一时期,电子技术开始被引入机械设计与制造之中,特别是随着传感技术、自动控制技术、电动机伺服驱动技术的发展,使得人们对机械的控制越来越精确,而计算机系统的嵌入技术则使得机电设备越来越灵活,越来越智能。机电一体化设计的理念得到了广泛的推广与应用。

1.2 工业应用中的典型机电一体化产品

1. 数控机床

数控机床是一种装有程序控制系统的自动化机床,能够根据编好的程序,使机床动作并加工零件。它集成了机械、自动化、计算机、测量、微电子等技术。数控机床是工业应用中最典型的机电一体化产品之一,它包含了机电一体化产品概念的所有要素。随着机电一体化技术的发展,数控机床的机构、性能、操作方式、控制精度都有了很大提高。

数控机床可以按工艺用途分为数控车床、数控铣床、数控镗床、数控钻床、数控磨床等。但无论哪种数控机床,其基本原理和关键技术都是一样的,主要区别只在于加工部分的机械结构。数控机床可以分为机床本体、数控系统、伺服驱动及检测反馈三大主要部分。

2. 3D打印机

3D打印是一种累积制造技术,是快速成形技术的一种,它以数字模型文件为基础,运用特殊蜡材、粉末状金属或塑料等可黏合材料,通过逐层打印的方式来制造三维物体。由于分层加工的过程与喷墨打印十分相似,故把实现这种技术的设备称为3D打印机。目前,3D打印技术已在工业造型、机械制造、航空航天、军事、建筑、医学、考古、雕刻、首饰等领域得到了广泛应用。

3. 工业机器人

工业机器人是一种模拟人手臂、手腕和手功能的机电一体化装置,可对物体运动的位置、速度和加速度进行精确控制,从而完成某一工业生产的作业要求。国际标准化组织(ISO)把工业机器人定义为"工业机器人是一种能自动控制,可重复编程,多功能、多自由度的操作机,能搬运材料、工件或操持工具来完成各种作业"。根据这个定义,前述的数控机床和3D打印机也可以称为某种类型的工业机器人。工业机器人技术集成了机械工程、电子技术、计算机技术、自动控制理论及人工智能等多学科的最新研究成果,代表了机电一体化的巅峰成就。

目前,工业机器人主要分为串联机器人和并联机器人两种,如图1-2所示。串联机器人的研究较为成熟,具有结构简单、成本低、控制简单、运动空间大等优点,已成功应用于很多领域,如各种机床、装配车间等。并联机器人具有刚度大、承载能力强、精度高、末端件惯性小等优点,在高速、大承载能力的场合,与串联机器人相比具有明显优势。

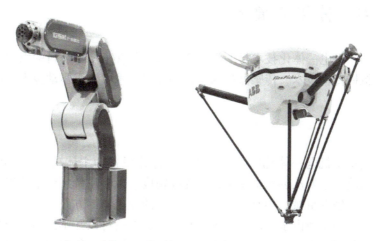

图1-2 串联机器人和并联机器人

1.3 机电一体化系统的构成

机电一体化系统包含机械本体、动力驱动部分、传感与检测部分、控制及信息处理部分、执行机构五部分。

1)机械本体:系统所有功能要素的机械支撑结构,一般包括机身、框架、支撑、连接等,以完成规定的动作、传递动力、支承连接相关部件等。

2)动力驱动部分:为系统提供能量和动力以使系统正常运行,一般分为电动、气动和液压三种方式，由于电机及伺服技术的性能优势及高速发展，故以电动驱动方式为主。

3）传感与检测部分：传感与检测是控制的基础，所谓智能级控制，最基本的就是系统能够根据环境及状态的变化而做出相应的改变，因此系统首先必须要能识别、获取表征这些变化的物理量，这部分工作就由各种传感器完成。传感与检测部分获取运行所需要的各种参数和状态，输出标准电信号给信息处理单元，经过分析、处理后用于显示状态信息或产生相应的控制信息。机电一体化系统常用的传感器有光电编码器、各种接近开关和温度传感器等。

4）控制及信息处理部分：将来自各传感器的检测信息和外部输入指令进行集中、存储、分析和加工，按照一定的程序和节奏发出相应的指令，控制整个系统有目的地运行。该部分功能主要由计算机来实现。随着近几十年来单片机技术、嵌入式微处理器技术、FPGA 技术的发展，嵌入式系统应运而生。嵌入式系统是指以应用为中心，以计算机技术为基础，并且软硬件可裁剪，适用于应用系统对功能、可靠性、成本、体积和功耗有严格要求的专用计算机系统。嵌入式系统特别适用于机电一体化系统的控制及信息处理。

5）执行机构：执行机构的功能是根据控制信息和指令，完成要求的动作，通常有电动、气动和液压三种类型。执行机构主要安装在系统的末端，直接与作业对象接触，是机电一体化系统的主要功能输出，因此执行机构的性能直接影响整个系统的性能。通常执行机构要满足强度、刚度、寿命、运动精度和动力学特性等方面的要求。

1.4　机电一体化关键技术

有前述可知，机电一体化技术是一门综合技术，包含了多个学科的内容，其涉及的关键技术主要有机械传动技术、传感器技术、自动控制技术、伺服驱动技术、计算机与信息技术等。

1. 机械传动技术

机械传动技术是机电一体化的基础，机电一体化设备的主体功能主要由机械部分决定。机械部分的改进主要从创新机械结构、提高精度、减轻重量、缩小体积、提高材料质量等几方面考虑。创新机械结构有时会使功能、性能或成本等方面发生质的改变，比如珍妮纺纱机的发明，纺车锤由水平放置改为垂直放置，然后可以并排使用多个纺锤，生产效率得到了几倍、甚至几十倍的提高。恩格斯曾对它做出评价：使英国工人的状况发生颠覆性变化的第一个发明。提高精度是当今机械加工的内在要求，高精度才能保证产品的性能与质量。为了减轻以钢铁材料为主的现代机械产品的重量，可以考虑改进结构、采用具有同等性能的非金属材料等，以便减小机械惯性、加快响应速度、减少能量损耗。材料质量包括材料自身的刚度、韧性和表面质量等。提高材料质量可以提高材料的力学性能，降低在高强度负荷下断裂、屈服等的可能性。

2. 传感器技术

传感器是系统的感知部分，也是实现控制的前提。我国国家标准《传感器通用术语》（GB/T 7665—2005）把传感器定义为"能感受被测量并按照一定的规律转换成可用输出信号的器件或装置"。传感器是信息获取的重要手段，只有传感器的检测精度高、速度快，系统的控制效果才能精准迅速。传感器技术、通信技术和计算机技术被称为信息技术的三大支柱。随着科技的不断发展，传感器发展到今天经历了三代。第一代是结构型传感器，利用结构参量变化来感受和转换信号，常见的电阻式应变片就是利用金属材料发生弹性形变时电阻的变化来转换电信号的。第二代是固体传感器，主要由半导体、电介质和磁性材料等固体元件构成，利用材料的热电效应、霍尔效应、光敏效应等物理效应将待测量转换为电信号。由于微电子技术、集成技术的发展，出现了集成传感器，这类传感器成本低、可靠性高、性能好、接口灵活，因此发展非常迅速，是目前传感器市场的主流。第三代传感器是智能传感器，把传感器信号调节电路、微计算机、存储器及接口集成到一块芯片上，使传感器具有自诊断、记忆、多参量测量以及联网通信等功能。

3. 自动控制技术

自动控制是指在没有人直接参与的情况下，利用控制装置使整个生产设备或生产过程在受到外界干扰偏离正常状态后，其工作状态或参数能够自动地按预先规定的规律运行。其基本思想是通过反馈来实现被控量的稳定或跟随，又称为闭环控制。自动控制技术被广泛应用于工业、农业、军事、科学研究、医疗、服务等各个领域，是现代化社会不可或缺的组成部分。自动控制技术的应用，实现了生产过程、制造过程的自动化，从而提高了劳动生产率和产品质量，降低了生产成本，提高了经济效益，改善了劳动条件。可以说，自动控制技术水平的高低直接影响机电一体化系统的各种性能。

4. 伺服驱动技术

伺服系统是指使物体的位置、速度和状态等能够跟随输入量（或给定值）的任意变化而变化的自动控制系统，主要有电气式、油压式和电气-油压式三种。伺服驱动技术是数控机床、工业机器人及其他机械控制的关键技术之一。

5. 计算机与信息技术

计算机的出现是科学技术上的一场深刻革命，在机电一体化系统中，它是信息处理的核心，是实现自动化、智能化和网络化的物质基础。由于计算机技术的发展，特别是如今嵌入式系统技术的成熟以及低廉的成本，使得各种机电设备都具有了"智能"，如近年来应用广泛的工业机器人等。在一套典型的机电一体化系统中，传感器的信息需要计算机处理，控制算法需要计算机运算，生产工艺及设备的控制检测需要计算机监控，人机交互界面需要计算机实现，设备的互联互通也要靠计算机进行通信，可以说没有计算机就没有现代化的机电一体化。

1.5 本课程的学习目的和要求

机电一体化技术是机械、电子、控制和信息技术等多学科的交叉融合，包含了自动控制理论、传感器技术、电机伺服控制、液压与气动、机械设计等多门课程内容，综合性很强。一直以来，"机电一体化技术概论"主要作为机电类专业的专业入门课程，只是从整体上做一个大而全的概述性介绍，用于新生入学教育，以期学生对整个专业有一个前瞻性、整体性的了解。其中，自动控制理论、传感器技术、运动控制技术、液压与气动等部分内容通常会再开设相应课程教授。近年来，高职教育不断改革，其中就包括提高实践教学环节的比例，进一步注重培养学生动手能力，并且在总体上压缩课时。为了适应这种变化，根据"必需、够用为度"原则重新设置课程计划，将自动控制理论、传感器技术、运动控制技术、液压与气动四门课程的主要内容并入机电一体化技术概论这门课程。本课程安排在中高年级开设，并适当增加该课程的学时数以保证教学质量。因此，本课程的主要目的已经不仅仅是要求同学们对机电一体化技术有一个整体性的认识，还要求大家掌握原来独立分开的四门专业课程的主要知识与技能，学习的要求提高了。

通过本课程的学习，学生应该熟悉机电一体化系统的基本概念、典型构成；掌握控制理论的基本概念、基本分析方法、简单控制器的设计方法；熟悉机电一体化系统中常用的位置、位移、速度等传感器的工作原理，可以结合工程实际正确选用各种类型的传感器；理解伺服电动机、步进电动机的伺服原理及使用方法；掌握液压与气动元件的结构原理、液压与气动基本回路的功能与用途，能够正确识别、选用各类液压、气动元件并动手搭建各种液压与气压传动的常用回路；了解机械传动的基本原理与常规计算，熟悉常见机械传动方式的性能特点以及选用原则。

在学习过程中，应注意理论与实际相结合，善于用理论指导实践，在实践中贯通和理解相应理论知识，在实际操作中将理论知识转化为解决实际问题的能力。

本课程的先修课程是高等数学、电机与电控、电路分析、模拟电子技术、PLC 技术与应用等。

习题与思考题

1. 什么是机电一体化系统？其关键技术有哪些？
2. 对比分析普通机床与数控机床的异同点。
3. 列举经过机械结构创新而由此大大提高了性能或功能的机械产品。

第 2 章

自动控制技术

> **学习要求**
>
> 1. 理解自动控制系统的基本概念、组成和分类。
> 2. 了解自动控制系统的基本要求。
> 3. 理解自动控制系统的品质指标内涵和确定方法。
> 4. 了解数学模型的作用和建模方法。
> 5. 理解自动控制系统分析的作用和方法。
> 6. 了解自动控制系统校正的必要性,掌握 PID 控制规律的应用。
> 7. 掌握单回路控制系统的组成、设计方案、调试运行和维护常识。
> 8. 了解复杂控制系统的概念、串级系统的组成和控制过程。
> 9. 理解随动控制系统的概念、组成和控制原理。
> 10. 掌握实训平台的结构、安装、操作、运行、测试和数据分析。

自动控制技术除了在国防、空间科技等尖端领域中是不可或缺的重要技术,在机电工程、冶金、化工、电力、环境保护、医疗、农业等领域中的应用也日益广泛,在国民经济与社会发展中占有极其重要的地位。自动控制技术在优化应用领域的经济、技术指标,保障安全、可靠性,提高劳动生产率,改善劳动条件,保护环境等方面发挥着越来越大的作用。

自动控制理论是自动控制技术的理论基础,自动控制理论分为经典控制理论、现代控制理论和智能控制理论,经典控制理论是基础,智能控制理论具有先进而复杂的特点。生产实际的各种需求、控制理论的研究和控制系统产品的开发,三者相互促进、共同推动控制技术的迅速发展。面对浩如烟海的各种自动控制技术,本章主要介绍自动控制系统的基本概念、组成、控制原理、数学模型、性能分析、系统校正和系统调试等内容,使读者对自动控制系统有一个相对完整的认识,为机电一体化设备和机电自动控制技术应用奠定初步的基础。

2.1 自动控制基础

2.1.1 自动控制系统的基本概念

自动控制是指在没有人直接参与的情况下，利用控制装置使生产设备或生产过程在受到外界干扰偏离正常状态后，其工作状态或参数能够自动地按照预定的规律运行。实现自动控制作用的系统称为自动控制系统，自动控制系统性能的优劣直接影响着产品的产量、质量、成本、劳动条件，自动控制系统在智能制造、智能控制技术中起核心支撑作用。

1. 自动控制系统的引入

自动控制系统是在人工控制的基础上发展而来的，下面以电动机转速的人工控制与自动控制进行对比，控制原理如图 2-1 所示。如果其他条件不变，只将电位器置于某一位置，则电动机转速保持恒定。但在实际工作过程中，会出现如负载变化、电源电压变化等情况，如不进行控制，则转速将偏离所需的期望值。

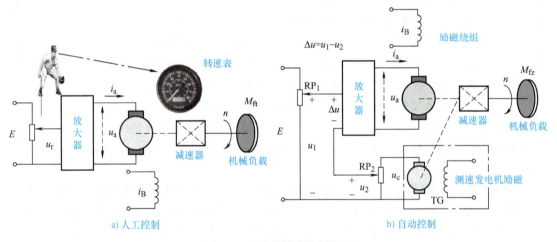

图 2-1 电动机转速控制原理

电动机转速人工控制过程：眼睛观察转速表中的指示值，然后通过神经系统传给大脑，大脑根据指示值与工艺要求的目标值进行比较，得到偏差的大小和方向，并依据操作经验发出命令至双手，双手根据大脑的指令去改变电位器滑动触头的位置，通过反复调整使转速保持为设定的目标值。人的眼、脑和手三个器官分别担负了检测、判断和执行三个作用，完成测量、求偏差、再控制以纠正偏差的过程。

人工控制由于受人体生理的限制，在速度和精度等方面都是有限的。为提高控制精度、减轻操作人员的劳动强度，改善操作人员的工作环境，用自动控制装置来代替人工操作过程，使人工控制变成自动控制。如图 2-1b 所示，RP_1 用于设定转速目标值，测速发电机及电位器 RP_2 将转速转换为电信号 u_2（u_2 与转速 n 成正比），放大器接收 u_2，与要求的目标转速对应的 u_1 相比较得出偏差信号 Δu 的大小和方向，对偏差信号进行放大后输出控制信号 u_a。电动机根据控制信号的大小和方向自动调整电动机的转速 n，系统形成负反馈，经过反复的自动测量和自动调整使负载的转速保持为目标值。自动控制系统中的测速发电机及电位器 RP_2 相当于人工控制中的眼睛，放大器相当于人工控制中的大脑。

2. 自动控制系统中的重要概念

自动控制系统中常用的专业术语说明如下。

(1) 被控对象

被控对象是指需要控制其工艺变量的生产设备或机器。在化工生产中，各种塔、反应器、泵、压缩机以及各种容器、储堆、储槽等都可以是被控对象；在运动系统中，电机及运动机械装置是被控对象，图 2-1b 中的被控对象就是机械负载。

(2) 检测及变送装置（传感变送器）

传感器用于把工艺变量转换为特定信号（电信号或气压信号），常见的传感器检测如温度、流量、压力、转速、位移等物理量；变送器把特定信号转换成标准统一的信号；在自动控制系统中起着"检测"的作用，为显示、反馈控制提供依据。图 2-1b 中的检测及变送装置是测速发电机和电位器 RP_2。

(3) 控制器

将检测及变送装置送来的信号与工艺参数的给定值信号进行比较，得到偏差信号；针对偏差信号，控制器按一定的运算规律确定控制信号的大小及方向，由控制信号驱动执行机构动作。常见的控制器有智能 PID 仪表、PLC（可编程序控制器）、计算机、工控板、电路板等装置，图 2-1b 中的放大器也是控制器的一种形式。

(4) 执行机构（执行器）

执行机构接收控制器送来的信号，根据控制信号的大小和方向，对被控对象产生直接的控制作用。执行机构通常包括各种继电器、电磁铁、调节阀、电动机等，图 2-1b 中的执行机构是直流电动机。

(5) 被控变量 $y(t)$

被控变量是表征生产设备或过程运行状况是否正常而需要加以控制的变量，也是控制系统的输出量。过程控制系统的被控变量常有温度、压力、流量、液位、成分等；随动控制系统的被控变量常有速度、位移、加速度等，图 2-1 中的转速就是被控变量。

(6) 操纵变量 $q(t)$

受控制器操纵使被控变量回归到给定值的变量叫作操纵变量，是执行器的输出量；图 2-1 中电动机的工作电压或减速器的转速可视为操纵变量。

(7) 干扰变量 f

在生产过程中，除操纵变量外能影响被控变量变化的各种外来因素称为干扰变量，也是控制系统的输入量。图 2-1 中，由负载的变化而引起转速波动是一种扰动，由电源电压变化而引起转速波动也是一种扰动。

(8) 测量值（反馈量）$z(t)$

测量值是指检测及变送装置的输出信号值，用于指示和反馈，图 2-1b 中测速发电机和反馈电位器的输出信号值就是测量值。

(9) 给定值（设定值）$x(t)$

给定值是一个与控制要求（被控变量期望）相对应的信号值，即控制系统的输入量。例如,图 2-1b 中要求转速保持为 890r/min,其所对应的电压值就是给定值;给定值既可以利用控制器机内给定,也可以通过外部电路提供。

(10) 偏差 $e(t)$

在控制系统中,偏差是给定值与测量值之差,即 $e(t)=x(t)-z(t)$。

(11) 控制信号 $p(t)$

控制器对偏差按一定的控制规律运算处理后所输出的信号为控制信号,用于驱动执行机构动作,从而改变操纵变量及被控变量的大小。

(12) 反馈

把系统的输出信号通过检测及变送装置又回送到系统输入端,进而影响控制器的输出,称为反馈。反馈是自动控制的精髓,当系统输出端送回的信号取负值与给定值相加时,称为<u>负反馈</u>;当反馈信号取正值与给定值相加时,称为<u>正反馈</u>。自动控制系统一般采用负反馈。

2.1.2 自动控制系统的组成

在研究控制系统时,为了能够清楚地表示出控制系统中各个组成部分之间的相互影响和关系,一般用框图来表示控制系统的组成及其作用。所谓框图,就是从功能角度用文字描述系统中的各个组成环节,即每个方框代表系统中的一个环节。系统各方框之间用一条带有箭头的直线表示它们相互间的联系,线上箭头表示信号传递的方向,并具有单向性,线上字母或文字说明传递信号的名称。

对图 2-1b 从功能方面进行描述,得到自动控制系统的典型功能框图(见图 2-2),分析图 2-1b 和图 2-2,自动控制系统主要由自动控制装置和被控对象两部分组成,自动控制装置包括检测及变送装置、控制器、执行机构等基本单元。

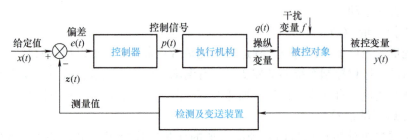

图 2-2 自动控制系统的典型功能框图

2.1.3 自动控制系统的分类

自动控制系统可以从不同的角度进行分类,每一种分类方法都反映了控制系统某一方面的特点,常见的有以下几种分类方法。

(1) 根据给定值的规律分类

可分为定值控制系统、随动控制系统和程序控制系统。

1) 定值控制系统。给定值是恒定不变的,控制系统的输出变量应稳定在与给定值相对应的工艺指标上。定值控制系统是生产过程控制中最常见的,如水位、温度、流量恒定控制系统。

2）随动控制系统。给定值的变化是随机的，这类系统的主要任务是使被控变量能够迅速地、准确无误地跟踪给定值的变化，因此又称为自动跟踪系统。常见的位置随动控制系统有数控机床的加工轨迹控制系统、仿形机床的跟踪控制系统、火炮自动跟踪系统、轮舵位置控制系统等。

3）程序控制系统。给定值按一定的时间程序性地变化，这类系统在间歇生产过程中的应用比较广泛，如机械手、自动化生产线。

（2）根据控制系统有无闭环分类

分为闭环控制系统和开环控制系统。

1）闭环控制系统。凡是系统的输出信号对控制作用有直接影响的控制系统都称为闭环控制系统。系统的输出信号反馈到输入端，形成信号传递的闭合回路，又称之为反馈控制（见图2-2）。闭环控制能减小或消除由扰动产生的偏差，具有较高的控制精度和较强的抗扰能力，自动控制系统中主要讨论闭环控制系统。

2）开环控制系统。若系统的输出量不被引回输入端对系统的控制部分产生影响，则这样的系统称为开环控制系统；图2-3所示数控加工机床控制系统属于开环控制系统。开环控制系统的结构和控制简单，但抗扰能力差、控制精度低，一般用于对控制性能要求不高的场合。

图2-3　数控加工机床开环控制系统框图

（3）根据被控变量的响应速度分类

可分为过程控制系统和随动控制系统两大类。

1）过程控制系统。过程是指在过程设备中将原料经过适当处理得到产品的生产过程，过程控制是指连续生产过程的自动控制。过程控制主要应用于热工、石油、化工、制药、生物、医疗、水利、冶金、轻工、纺织、建材、核能、环境等领域，其被控变量主要是温度、压力、流量、液位等过程控制量，在国民经济与社会发展中占有极其重要的地位。

2）随动控制系统。以机械运动为主要的生产方式，以电机为主要被控对象的快速、高精度的控制，相应的系统称为随动控制系统。随动控制系统在数控机床、机器人、纺织机械、印刷机械等行业应用广泛，随动控制系统由被控对象、数字传感器、运动控制器、电机-驱动器及相关机械传动装置组成。

（4）根据被控变量的不同分类

可分为温度控制系统、流量控制系统、压力控制系统、液位控制系统、成分控制系统、速度控制系统和位置控制系统等类型。

2.1.4　自动控制系统的基本要求

1. 控制系统的过渡过程

当图2-1电动机转速控制系统中负载的运动速度保持不变时，系统处于平衡状态，称之为<u>静态或稳态</u>。在电动机转速控制系统中，由于给定值变化和干扰的影响，负载的运动速度出现变化，系统处于不平衡状态，称之为<u>动态或瞬态</u>。控制系统从一个平衡状态过渡到另一个平衡状态的过程称为<u>过渡过程</u>。

系统的过渡过程由系统自身的结构与参数、输入信号和初始条件决定，在分析和设计控制系统时，阶跃干扰通常是最常见和最不利的信号，系统在图 2-4a 所示阶跃输入信号作用下，其阶跃响应曲线基本形式如图 2-4b ~ f 所示。

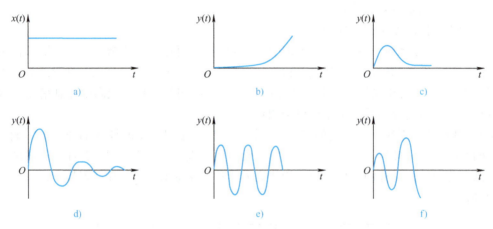

图 2-4　阶跃响应曲线基本形式

（1）非振荡发散过程

曲线如图 2-4b 所示，它表明系统受到干扰作用后，被控变量单调上升，偏离给定值越来越远，以致超出工艺设计的范围，属于不稳定系统。

（2）非振荡衰减过程

曲线如图 2-4c 所示，它表明系统受到干扰作用后，被控变量上下波动，且波动的幅度逐渐减小，要经过相当长的时间才能接近给定值。非振荡衰减过程符合稳定要求，但不够迅速，应用较少。

（3）衰减振荡过程

曲线如图 2-4d 所示，它表明系统受到干扰作用后，被控变量经过几个周期波动后就重新稳定下来。衰减振荡过程符合控制系统基本性能的要求，此响应曲线应用广泛。

（4）等幅振荡过程

曲线如图 2-4e 所示，它表明系统受到干扰作用后，被控变量在给定值的某一范围内上下来回波动，属于不稳定系统。

（5）发散振荡过程

曲线如图 2-4f 所示，它表明系统受到干扰作用后，被控变量上下波动，且幅度越来越大，偏离给定值越来越远，以致超出工艺设计的范围，属于不稳定系统。

2. 控制系统的基本要求

由于系统在控制过程中存在着过渡过程，所以控制系统性能的好坏，不仅取决于稳态时的控制精度，还取决于过渡过程时的工作状况，控制系统的基本要求体现在稳定性、快速性和准确性三个方面。

(1) 稳定性

系统的稳定性是指自动控制系统在受到扰动作用使平衡状态破坏后，经过调节能重新达到平衡状态的性能。图 2-4b、e、f 的响应曲线属于不稳定系统，图 2-4c、d 的响应曲线属于稳定系统。稳定性是保证控制系统正常工作的先决条件，一个稳定的控制系统，其被控变量偏离期望值的初始偏差应随时间的增长而逐渐减小或趋于零。

系统的稳定性分为绝对稳定性和相对稳定性，绝对稳定性是指系统稳定（或不稳定）的条件，即形成图 2-4c、d 所示状况的充要条件，能满足稳定条件的系统称之为绝对稳定。相对稳定性是指稳定系统的稳定程度，用稳定裕量来衡量。

(2) 快速性

主要根据过渡过程的时间长短来描述快速性，过渡过程时间越短，表明快速性越好，快速性表明了系统输出对输入响应的快慢程度。

(3) 准确性

准确性用来反映系统的稳态精度，若系统最终的误差为零，则称为无差系统，否则为有差系统，由输入给定值与输出响应的终值之间的差值 e_{ss}（稳态误差或余差）来反映。

3. 控制系统的品质指标

在比较不同控制方案时，主要采用以阶跃响应曲线形式表示的品质指标。阶跃响应曲线形式主要根据工艺要求而定，大多数情况下希望过渡过程是略带振荡的衰减过程，因容易看出被控变量的变化趋势，便于及时操作调整。

阶跃响应衰减振荡曲线如图 2-5 所示，掌握响应曲线的读图技能在理论分析和实践应用中具有重要的作用，用过渡过程质量指标来衡量控制系统性能时，常采用以下几个指标。

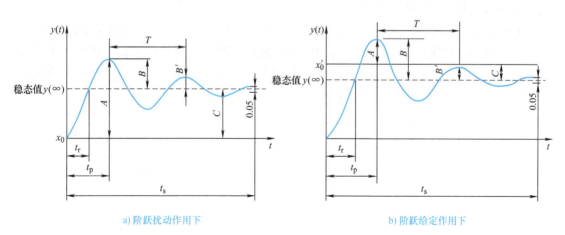

a) 阶跃扰动作用下　　　　　　　　　b) 阶跃给定作用下

图 2-5　阶跃响应衰减振荡曲线

(1) 余差

当系统从原来的稳态过渡到新的稳态，或系统受到扰动作用又重新平衡后，系统可能出现的偏差称为余差（稳态误差）。被控变量新的稳态值 $y(\infty)$ 与给定值 x（对应图 2-5a 中的 x_0 及图 2-5b 中的 x_0'）之差见式(2-1)，其大小反映了系统的稳态精度（准确程度）。余差由生产工艺给出，一般希望余差为零或不超过预定的范围。

$$C = y(\infty) - x \tag{2-1}$$

(2) 最大偏差 A 或超调量 B

最大偏差 A 是指在过渡过程中,被控变量偏离给定值的最大数值,其关系到系统安全工作的极值,反映系统在控制过程中被控变量偏离给定值的程度。

超调量 B 是指最大偏差 A 与系统稳态值之差。超调量百分数 $\sigma\%$ 的定义见式(2-2):

$$\sigma\% = \frac{A - y(\infty)}{y(\infty)} \times 100\% = \frac{B}{C} \times 100\% \tag{2-2}$$

(3) 上升时间 t_r

过渡过程曲线从零上升至第一次到达新稳态值所需时间即为上升时间。

(4) 峰值时间 t_p

过渡过程曲线到达第一个峰值所需的时间即为峰值时间。

(5) 调节时间 t_s

从扰动发生起至被控变量建立新的平衡状态所需的时间,工程上规定响应曲线衰减到与最终稳态值之差不再超过 ±5% 或 ±2% 内所需的最短时间为调节时间。

(6) 衰减比 n

衰减比是指过渡过程曲线同方向的前后两个相邻峰值与稳态值的差之比,图2-5中,$n = B/B'$,衰减比表示的是衰减振荡过程的衰减程度,是反映控制系统稳定程度的一个指标;另外,衰减比也是PID控制规律利用衰减曲线整定法时的重要参数。

稳定性、快速性和准确性往往是互相制约的,在设计与调试的过程中,若过分强调某方面的性能,则可能会使其他方面的性能受到影响;根据工艺要求的不同,性能有所侧重。过渡过程的质量指标,一般希望余差、最大偏差或超调量小一些,调节时间短一些。另外,在理论分析和实践应用时,根据相关指标的定义,对响应曲线通过读图确定的指标数值是指导现场调试的重要依据。

【例2-1】 某转速控制系统工艺要求的转速为 (890±10) r/min,为了保证设备安全,电动机转速偏离设定值最高不得超过 20r/min。转速控制系统在单位阶跃干扰作用下的过渡过程曲线如图2-6所示。试分别求出最大偏差、余差、衰减比、振荡周期和调节时间指标。

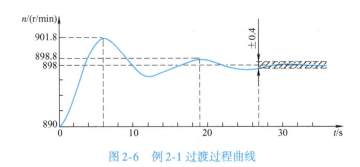

图2-6 例2-1 过渡过程曲线

解:(1) 最大偏差:$A = 901.8\text{r/min} - 890\text{r/min} = 11.8\text{r/min}$

(2) 余差:$C = 898\text{r/min} - 890\text{r/min} = 8\text{r/min}$

(3) 第一个波峰值:$B = 901.8\text{r/min} - 898\text{r/min} = 3.8\text{r/min}$

第二个波峰值:$B' = 898.8\text{r/min} - 898\text{r/min} = 0.8\text{r/min}$

衰减比：$n=3.8:0.8=4.75:1$
(4) 振荡周期：$T=19s-6s=13s$
(5) 调节时间：假定响应曲线衰减到与最终稳态值之差不再超过 $\pm 5\%$，则认为过渡过程结束。那么限制范围约为 $(898-890)\times(\pm 5\%)$r/min $=\pm 0.4$r/min，从图 2-6 中可以看出，调节时间 $t_s\approx 27$s。

例 2-1 说明，结合指标的定义，通过被控变量的实时工作曲线的读图，可确定控制系统的性能指标。基于过渡过程曲线的读图，不仅适用于工程上来确定系统的性能指标，同样适用于仿真分析时，阶跃响应曲线的处理。

4. 影响控制系统品质指标的主要因素

对于一个过程控制系统，过渡过程品质的好坏很大程度上取决于对象的性质；对于已有的生产装置，对象特性已基本确定。自动化装置应按对象性质加以选择和调整，如自动化装置的选择和调整不当将直接影响控制质量。此外，在控制系统运行过程中，自动化装置的性能一旦发生变化，如执行机构动作失灵、测量失真，也将影响控制质量。

2.2 自动控制系统的数学模型

2.2.1 数学模型的基本知识

1. 数学模型的引入及作用

分析和设计控制系统时，首要任务是建立系统的数学模型，以便用数学工具进行定量分析计算。建模为分析和设计自动控制系统提供理论指导，同时对仪表的维护、校验以及控制器控制规律的选用具有实践指导意义。

2. 数学模型的定义及类型

(1) 数学模型的定义

数学模型是描述系统输入、输出变量以及内部各变量之间关系的数学表达式；数学模型具有相似性、通用性、简化性及准确性等特点。

(2) 数学模型的类型

为了满足不同场合的需要，数学模型有多种表达方式，常用的有微分方程、传递函数和动态结构图等表达方式。微分方程是最基本的表示形式，而传递函数和动态结构图是经典控制理论最常用的形式。

1) 微分方程。凡表示未知函数及其 k 阶导数与自变量及其 k 阶导数之间的关系的方程，称为微分方程，代数方程是微分方程的特例，典型的微分方程为

$$a_n\frac{d^n y}{dt^n}+a_{n-1}\frac{d^{n-1}y}{dt^{n-1}}+\cdots+a_1\frac{dy}{dt}+a_0 y=b_m\frac{d^m x}{dt^m}+b_{m-1}\frac{d^{m-1}x}{dt^{m-1}}+\cdots+b_1\frac{dx}{dt}+b_0 x \tag{2-3}$$

2) 传递函数。物理量或信号的时域表达式，称为原函数；原函数拉普拉斯变换后的复数域 s 的表达式，称为像函数（拉普拉斯变换式）。满足零初始条件时，环节或系统的

输出变量 $y(t)$ 与输入变量 $x(t)$ 的拉普拉斯变换式之比，称为传递函数，其定义为

$$G(s) = \frac{Y(s)}{X(s)} \tag{2-4}$$

对典型的微分方程式(2-3)，根据拉普拉斯变换定义和相关定理，在零初始条件时，可表达为

$$Y(s) = \frac{b_m s^m + b_{m-1} s^{m-1} + \cdots + b_1 s + b_0}{a_n s^n + a_{n-1} s^{n-1} + \cdots + a_1 s + a_0} X(s) \tag{2-5}$$

3）动态结构图。将系统各环节用传递函数的框图表示，并按照信号传递方向依次将各框图连接起来的图，称为动态结构图（方块图）。其具有直观揭示系统内部各环节的数学关系、信号传递过程、各变量间关系及便于求取系统总的传递函数的特点，也便于系统的分析和计算，因而得到了广泛应用。系统的动态结构图由若干基本符号构成，构成动态结构图的基本符号有四种，即信号线、传递方框、综合点和引出点，自动控制系统的典型动态结构图如图2-7所示。

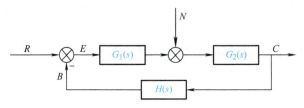

图 2-7　自动控制系统的典型动态结构图

（3）数学模型的互相转换

对微分方程进行拉普拉斯变换可以得到传递函数；而对传递函数进行拉普拉斯反变换可以得到微分方程；系统中的环节用传递函数方块图表示就得到系统的动态结构图。

3. 建模方法

建立数学模型常用的方法有解析法和实验法。工程上通过一定实验测试，可利用实验结果修改数学关系式的相关系数。

（1）解析法

解析法是根据系统及元件各变量遵循的物理、化学、电学等规律，推导出输出变量与输入变量之间的数学关系式。此法适用于简单环节的系统或对象，其基本步骤参考例2-2。

【例 2-2】　直流电动机的电路原理图如图 2-8 所示，试确定电动机转速与电枢电压之间的传递函数。

解：直流电动机各物理量间的基本关系式如下：

电枢电路：$u_a = i_a R_a + L \dfrac{di_a}{dt} + e$　　　反电动势：$e = k_e \varphi n$

电磁转矩：$T_e = k_T \varphi i_a$

运动方程式：$T_e - T_L = J \dfrac{dw}{dt}$

需要分析改变电枢电压对电动机转速的影响，因此以电枢电压为输入量，电动机转速为输出量列写电动机的数学模型，负载转矩为扰动量。

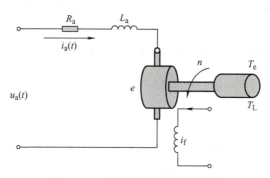

图 2-8 直流电动机的电路原理图

消去中间变量,并将微分方程整理成标准形式,即

$$T_a T_m \frac{d^2 n}{dt^2} + T_m \frac{dn}{dt} + n = \frac{1}{k_e \varphi} u_a - \frac{R_a}{k_e k_T \varphi^2}\left(T_a \frac{dT_L}{dt} + T_L\right)$$

式中,T_m 为电动机的机电时间常数,$T_m = \frac{JR_a}{k_e k_T \varphi^2}$;$T_a$ 为电枢回路的电磁时间常数,$T_a = \frac{L_a}{R_a}$。

如不考虑电动机的负载转矩,即设 $T_L = 0$,则上述微分方程可简化为

$$T_a T_m \frac{d^2 n}{dt^2} + T_m \frac{dn}{dt} + n = \frac{1}{k_e \varphi} u_a$$

如对上式进行拉普拉斯变换,可得到直流电动机的传递函数(属于二阶系统):

$$G(s) = \frac{1}{k_e \varphi T_a T_m s^2 + k_e \varphi T_m s + k_e \varphi}$$

(2)实验法

解析法对简单被控对象或环节进行建模比较容易,对于工业上复杂的被控对象进行建模就十分困难了,工程应用主要依靠实验法来得到其数学模型。

1)实验法定义。在分析对象上施加典型的试验信号(常用阶跃信号或矩形脉冲信号),测得反映动态特性的反应曲线,经过工程简化、数据处理和计算,便得到表征被控对象或环节动态特性的数学模型。

2)阶跃响应曲线法。若试验信号为阶跃信号,相应地称之为阶跃响应曲线法。测定阶跃响应曲线的原理很简单,在被控过程的输入量做阶跃变化时,测定其输出量随时间变化的曲线。在测试记录仪或监视器屏幕上所出现的实时曲线,就是被测对象的阶跃反应曲线;根据一定规则对阶跃反应曲线进行分析处理便可确定对象的数学模型。

2.2.2 典型环节的数学模型

自动控制系统是由一些典型环节组成的,掌握典型环节的特性,可以更方便地分析复杂系统内部各单元间的联系,典型环节有比例环节、积分环节、微分环节、惯性(一阶)环节、二阶(振荡)环节等。

1. 比例环节的数学模型

输出量与输入量成比例的环节称为比例环节,其微分方程为 $c(t) = kr(t)$。对微分方程

两边进行拉普拉斯变换得其传递函数,见式(2-6),式中 k 为比例系数。常见的比例环节有电阻分压器、比例运算放大器、齿轮减速器、传感变送器等。比例环节的输出量能立即响应输入量,比例环节是过程控制中最重要的环节之一,在常规控制规律中起基本控制作用。

$$G(s) = \frac{C(s)}{R(s)} = k \tag{2-6}$$

2. 积分环节的数学模型

输出量与输入量对时间的积分成正比的环节称为积分环节,其微分方程和传递函数见式(2-7),式中 T 为积分时间常数。如输入为单位阶跃信号,其输出量是随时间的变化而不断上升的直线,斜率为 $1/T$。积分环节也是过程控制中最重要的环节之一,由于具有消除误差的作用,在常规控制规律中经常使用。

$$c(t) = \frac{1}{T}\int r(t)\,\mathrm{d}t \qquad G(s) = \frac{C(s)}{R(s)} = \frac{1}{Ts} \tag{2-7}$$

3. 微分环节的数学模型

输出量与输入量的导数成正比的环节称为微分环节,其微分方程和传递函数见式(2-8),式中 T 为微分时间常数。如输入为单位阶跃信号,其输出为脉冲函数。由于微分环节具有超前作用,在常规控制规律中有一定的应用。

$$c(t) = T\frac{\mathrm{d}r(t)}{\mathrm{d}t} \qquad G(s) = \frac{C(s)}{R(s)} = Ts \tag{2-8}$$

4. 一阶环节的数学模型

(1) 一阶环节通用表达式

微分方程具有 "$T\frac{\mathrm{d}Y}{\mathrm{d}t} + Y = KX$" 形式的环节称为一阶环节,对此微分方程两边进行拉普拉斯变换,整理得其传递函数:

$$G(s) = \frac{K}{Ts+1} \tag{2-9}$$

(2) 一阶系统 K、T 的意义

K、T 参数反映了分析对象特性,K 表示输出量与输入量的比例关系,T 为表征变量变化快慢的动态参数。

5. 二阶环节的数学模型

凡可用二阶微分方程描述的系统都称为二阶系统,许多高阶系统在一定的条件下,常常近似地作为二阶系统来研究,二阶系统的微分方程形式为 "$T^2\frac{\mathrm{d}^2 Y}{\mathrm{d}t^2} + 2\xi T\frac{\mathrm{d}Y}{\mathrm{d}t} + Y = KX$"。

2.2.3 系统的数学模型

1. 系统的动态结构图简化

动态结构图是把环节方框中的文字描述用传递函数来表示其特性的一种示意图,在分析

系统时经常需要对动态结构图进行一定的变换,尤其是多回路控制系统,更需要对系统的动态结构图进行逐步等效变换,直至变为典型的反馈系统的结构形式,通过求出系统总的传递函数,以便对系统进行分析。

(1) 动态结构图的基本连接方式

环节的典型连接方式包括串联连接、关联连接和反馈连接。

1) 串联连接。是指环节间输入信号和输出信号的串联传递关系,如图 2-9 所示,前一个环节的输出即为后一环节的输入,环节串联以后总的传递函数为

$$G(s) = \frac{R_{n+1}(s)}{R_1(s)} = G_1(s)G_2(s)\cdots G_{n-1}(s)G_n(s) \tag{2-10}$$

图 2-9 环节串联连接的动态结构图

2) 并联连接。在并联连接中,各环节的输入相同,而总的输出为各个环节输出的代数和,如图 2-10 所示,环节并联以后总的传递函数为

$$G(s) = G_1(s) - G_2(s) + G_3(s) \tag{2-11}$$

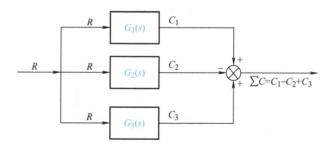

图 2-10 环节并联连接的动态结构图

3) 反馈连接。如图 2-11 所示,输出 $C(s)$ 经过一个反馈环节 $H(s)$ 后,反馈信号 $B(s)$ 与输入 $R(s)$ 相加减,再作用到传递函数为 $G_1(s)$ 的环节;反馈连接方式中,$G_1(s)$ 称为前向通道环节的传递函数,$H(s)$ 称为反馈通道环节的传递函数;系统反馈连接以后总的传递函数见式 (2-12),式中"∓"的"+"对应负反馈,"∓"的"-"对应正反馈。

$$G(s) = \frac{G_1(s)}{1 \mp G_1(s)H(s)} \tag{2-12}$$

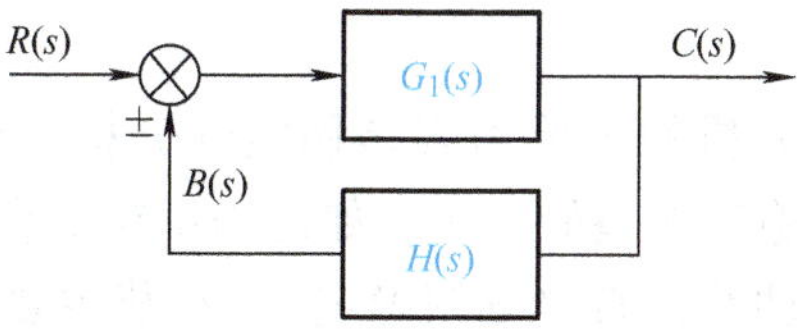

图 2-11 环节反馈连接的动态结构图

(2) 动态结构图的等效变换

系统或环节的方块图除了三种基本连接外,还存在更为复杂的连接,需要经过等效变换

转化为三种基本连接形式。等效变换主要针对比较点、分支点的前移、后移处理，并遵循相应等效规则。

2. 输入量 $R(s)$ 作用下的闭环传递函数

根据线性自动控制系统的典型动态结构图（见图 2-7），根据叠加原理，若仅考虑输入量 $R(s)$ 的作用，略去扰动量 $N(s)$，可得输出量对输入量的闭环传递函数，即

$$G_{\mathrm{Br}}(s) = \frac{C_{\mathrm{r}}(s)}{R(s)} = \frac{G_1(s)G_2(s)}{1+G_1(s)G_2(s)H(s)} \tag{2-13}$$

3. 扰动量 $N(s)$ 单独作用下的闭环传递函数

若仅考虑扰动量 $N(s)$ 的作用，暂时略去输入量 $R(s)$，则图 2-7 变换成扰动量 $N(s)$ 单独作用下的系统动态结构图（见图 2-12），可得输出量对扰动量的闭环传递函数（见式（2-14））。扰动量 $N(s)$ 和输入量 $R(s)$ 同时作用时，系统总的输出是两个作用量的叠加。

$$G_{\mathrm{Br}}(s) = \frac{C_{\mathrm{n}}(s)}{N(s)} = \frac{G_2(s)}{1+G_1(s)G_2(s)H(s)} \tag{2-14}$$

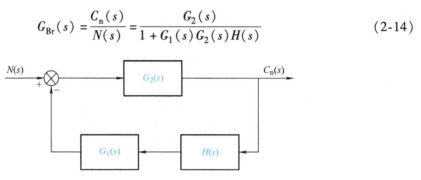

图 2-12　扰动量 $N(s)$ 单独作用下的系统动态结构图

4. 系统误差的传递函数

类同上述分析，系统误差的传递函数也分为 $N(s)$ 和 $R(s)$ 单独作用，对图 2-7 进行变换，可得系统误差的传递函数。运用拉普拉斯变换中的终值定理，即 $\lim\limits_{t\to\infty}e(t) = \lim\limits_{s\to\infty}sE(s)$ 关系式，确定系统的稳态误差。

2.3　自动控制系统的分析

工程上对系统性能进行分析的主要内容是稳定性分析、稳态性能分析和动态性能分析，稳态性能分析就是系统稳态误差的确定，如已知系统的误差传递函数，采用终值定理确定稳态误差（如已知响应曲线可直接读图确定）；本节主要介绍系统的稳定性分析和动态性能分析。

数学模型是对控制系统进行理论研究的前提，建立数学模型后，运用适当方法对系统的控制性能做全面的分析、计算及设计，高阶系统一般可以近似为低阶系统处理，下面主要对一、二阶系统性能的时域分析法进行介绍，分析方法另有频域分析法和状态空间分析法。

时域分析法是指控制系统在一定的输入下，根据输出量的时域表达式及响应曲线，分析系统的稳定性、动态和稳态性能的一种方法。分析系统的性能需要用到系统的响应，所谓响应，就是系统的输出对输入的反应。系统的响应由系统本身的结构（数学模型）、初始状态和输入信号的形式所决定，初始状态可视为零，通常输入信号采用单位阶跃函数 $r(t)=1$，系统的响应称之为<u>单位阶跃响应</u>。

2.3.1 一阶系统阶跃响应分析

能够用一阶微分方程描述的系统称为一阶系统，当输入 $x(t)$ 为单位阶跃信号时，在零初始条件下，输出 $y(t)$ 的时域表达式见式（2-15），其响应曲线如图 2-13 所示。分析图 2-13，系统稳定、无超调量；系统的调节时间为 $3T$ 或 $4T$，时间常数 T 决定了系统的快速性。

$$y(t)=L^{-1}[Y(s)]=L^{-1}[G(s)X(s)]=L^{-1}\left(\frac{K}{Ts+1}\times\frac{1}{s}\right)=K(1-e^{-t/T}) \quad (2-15)$$

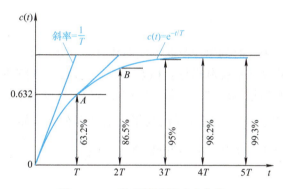

图 2-13　一阶系统阶跃响应曲线

2.3.2 二阶系统阶跃响应分析

1. 系统的传递函数

二阶系统的传递函数可转化为式（2-16）的标准形式，式中，ζ 为阻尼比，ω_n 为无阻尼自然振荡频率。根据 ζ 的取值范围，系统的阶跃响应分为临界阻尼（$\zeta=1$）、过阻尼（$\zeta>1$）、零阻尼（$\zeta=0$）、负阻尼（$\zeta<0$）、欠阻尼（$0<\zeta<1$）几种情况，系统在过阻尼和欠阻尼时满足稳定条件，由于欠阻尼具有较好的控制性能，所以得到广泛应用。

$$G(s)=\frac{\omega_n^2}{s^2+2\zeta\omega_n s+\omega_n^2} \quad (2-16)$$

2. 系统的阶跃响应时域表达式及曲线

二阶系统在欠阻尼时，查拉普拉斯变换表，其单位阶跃响应时域表达式见式（2-17），式中，$\omega_d=\omega_n\sqrt{1-\zeta^2}$；$\zeta$ 取不同值时对应的响应曲线如图 2-14 所示。

$$y(t)=1-\frac{e^{-\zeta\omega_n t}}{\sqrt{1-\zeta^2}}\sin\left(\omega_d+\arctan\frac{\sqrt{1-\zeta^2}}{\zeta}\right) \quad (2-17)$$

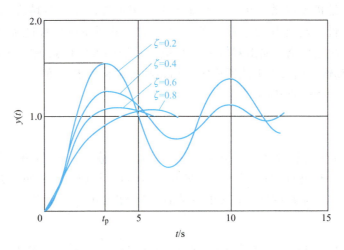

图 2-14 二阶系统在欠阻尼时的单位阶跃响应曲线

3. 二阶欠阻尼系统性能分析

分析二阶系统在欠阻尼时的单位阶跃响应曲线（见图 2-14），系统首先满足了稳定条件，通过读图可以确定系统的控制指标：稳态误差、超调量、调节时间、衰减比、上升时间等。生产实践中也是通过读取被控变量的响应曲线以指导系统的调试和运行。另外，根据指标的定义和时域表达式，可以推导出其指标的计算公式，如超调量：$\sigma\% = e^{\frac{-\zeta\pi}{\sqrt{1-\zeta^2}}} \times 100\%$，调节时间按 $\pm 5\%$、$\pm 2\%$ 误差带分别为：$t_s \approx \frac{3}{\zeta\omega_n}$，$t_s \approx \frac{4}{\zeta\omega_n}$。

2.3.3 系统稳定性分析

1. 系统稳定性的引入

工程上所使用的控制系统必须是稳定的，不稳定的系统无法工作，因而稳定是系统正常工作的首要条件。在自动控制系统中，造成系统不稳定的物理原因主要有两个方面，其一，系统中存在惯性或延迟环节（例如机械惯性、电动机电路的电磁惯性、晶闸管的延迟、齿轮的间隙等），当系统设有反馈环节时，将滞后的信号反馈到输入端，使系统从负反馈变成正反馈；其二，由于控制器和调节阀正反作用选用不当，导致系统从负反馈变成正反馈。

2. 系统绝对稳定的充要条件

系统的稳定性可用其数学模型和响应曲线进行判断，其充要条件由特征方程的特征根符号决定。所谓特征方程，就是系统传递函数的分母多项式，其解即为特征根。根据特征根与时域表达式的关系，系统绝对稳定的充要条件是系统的特征根实数部分为负数。

对于一阶、二阶系统特征根求解容易，但对于高阶系统求解特征根困难，为此，可采用劳斯－赫尔维茨稳定性判据或 MATLAB 软件编程来判断高阶系统的绝对稳定性。另外，工程实用上，可根据过渡过程的响应曲线形式来判断系统的绝对稳定性：若响应曲线具有衰减特性，则系统稳定；若响应曲线具有发散特性，则系统不稳定。

2.3.4　MATLAB 在系统分析中的应用

1. MATLAB 软件概述

MATLAB 软件主要应用于工程计算、控制设计、信号处理与通信、图像处理、信号检测、金融建模设计与分析等领域。MATLAB 软件主要包括 MATLAB 用户接口和 Simulink 两大部分，MATLAB 用户接口利用指令和丰富的库函数实现用户需求的算法；Simulink 利用图库元素构建动态结构图模型，用图解的方法完成系统计算和分析工作。

MATLAB 软件中的 Simulink 可视化仿真工具提供一个动态系统建模、动态仿真和综合分析的集成环境，在该环境中无须书写程序，只需要通过简单直观的鼠标操作，就可构造出复杂的系统。其基本应用步骤为：启动 Simulink→打开 Simulink 模块库→打开空白模型窗口→建立 Simulink 仿真模型→设置仿真参数→进行仿真→分析仿真结果。

2. MATLAB 应用示例

利用 MATLAB 可以方便、快捷地对控制系统进行分析，若要分析系统的动态特性，只要给出系统在典型输入下的输出响应曲线，通过读图或进一步编程即可确定动态指标。

【例 2-3】　用 MATLAB 软件求系统 $G(s) = \dfrac{25}{s^2 + 4s + 25}$ 单位阶跃响应性能指标：上升时间、峰值时间、调节时间和超调量，并绘制阶跃响应曲线。

解：（1）根据系统的传递函数，利用 Simulink 工具建立系统的仿真模型，如图 2-15a 所示，运行仿真模型，得图 2-15b 所示阶跃响应曲线图。通过读图，确定系统的上升时间、峰值时间、调节时间和超调量。

（2）编写并执行下述 M 文件：

```
num = [0 0 25];              % 传递函数分子多项式系数。
den = [1 4 25];              % 传递函数分母多项式系数。
step(num,den);               % 绘制阶跃升响应曲线。
[y,x,t] = step(num,den);
[peak,k] = max(y);           % 求响应曲线的最大值。
overshoot = (peak - 1) * 100 % 计算超调量。
tp = t(k)                    % 求峰值时间。
n = 1;                       % 求上升时间。
while y(n) < 1
n = n + 1;
end
tr = y(n)
m = length(t)                % 求调节时间
while(y(m) > 0.98)&(y(m) < 1.02)
```

```
m = m - 1;
end
ts = t(m)                              % 求调节时间
```

执行文件,屏幕直接显示相应结果。超调量:overshoot = 25.3759;峰值时间:tp = 0.6902;上升时间:tr = 1.0189;调节时间:ts = 1.6564。阶跃响应曲线亦如图2-15b所示,通过读阶跃响应曲线图不仅可以确定系统动态性能指标,还可以判断出系统是稳定的,稳态误差为零。

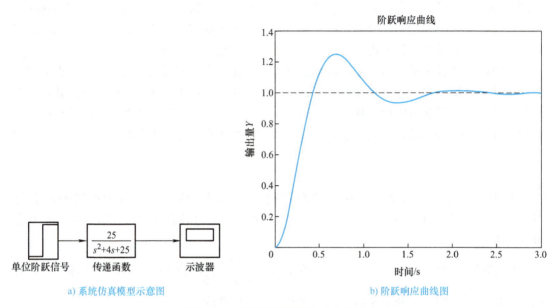

图 2-15 系统仿真模型和响应曲线

2.4 自动控制系统校正

2.4.1 系统校正概述

图2-2所示自动控制系统的典型功能框图中,有一个核心环节"控制器",控制器的作用就是接收由给定值和反馈信号形成的偏差信号,并按一定的控制规律产生控制信号。控制作用所遵循的数学运算关系称为控制规律,实现控制规律的机器(装置)称为控制器(调节器)。

已知系统的数学模型和输入信号,利用响应可以确定系统的性能;如系统的性能不能满足用户工艺要求时,需要对系统进行参数调整或校正,以改善系统的性能。当被控对象和系统控制方案确定后,控制器起决定作用,所以自动控制系统的校正主要围绕控制器进行。

根据校正装置在系统中所处位置的不同,一般分为串联校正、反馈校正和顺馈补偿。下面仅基于MATLAB软件对串联校正中常用的PID控制规律进行设计分析。

2.4.2 PID 控制规律

PID（比例-积分-微分）控制器是最早实用化的控制器，但随着控制理论和控制技术的不断发展，先进的智能控制在复杂和性能要求高的场合占有越来越重要的地位。由于 PID 控制器原理简单易懂、实用、可靠，并具有一定的自适应能力等特点，PID 控制器仍然是应用最为广泛的工业控制器。根据用户的工艺要求，PID 控制器的控制规律有比例、比例积分、比例微分、比例积分微分等。

1. PID 控制数学模型

根据系统的误差，利用比例、积分、微分计算出控制量，实现 PID 控制的装置称为 PID 控制器；其微分方程式和传递函数分别见式（2-18）、式（2-19）。改变比例系数 K_P、积分时间 T_I、微分时间 T_D 可改变控制量，进而影响系统的控制性能。

$$u(t) = K_P \left[e(t) + \frac{1}{T_I} \int e(t) \, dt + T_D \frac{de}{dt} \right] \tag{2-18}$$

$$G(s) = \frac{U(s)}{E(s)} = K_P \left(1 + \frac{1}{T_I s} + T_D s \right) \tag{2-19}$$

式中，$u(t)[U(s)]$ 为控制器输出量；$e(t)[E(s)]$ 为控制器输入量；$G(s)$ 为控制器传递函数。

2. PID 控制作用

分析 PID 控制关系式，比例系数 K_P 越大，比例控制作用越强（实际应用中，常用比例度 δ 来衡量比例控制的强弱，比例度 δ 是指控制器输入的相对变化量与相应的输出相对变化量之比的百分数）；积分时间 T_I 越小，积分输出的速度越快，积分控制作用越强；微分时间 T_D 越大，微分输出保持得就越长，表明微分控制作用越强。

3. PID 对控制质量的影响分析

结合图 2-2 所示自动控制系统的典型功能框图，若传感变送器、执行器、被控对象和控制器的传递函数分别为 1、$G_v(s) = \dfrac{1}{0.1s+1}$、$G_0(s) = \dfrac{0.5}{20s+1} e^{-s}$、$G_c(s) = K_P \left(1 + \dfrac{1}{T_I s} + T_D s \right)$，其中 PID 控制器的的比例系数 K_P、积分时间 T_I、微分时间 T_D 可以改变大小甚至取消。

（1）控制器选用比例控制

设比例系数 $K_P = 5$，利用 Simulink 建立系统的模型方块图，如图 2-16a 所示。运行模型方块图，双击示波器符号得阶跃响应曲线，如图 2-16b 所示。

（2）控制器选用比例积分连续控制

若比例系数不变，积分时间为 2，则控制器传递函数变为 $G_c(s) = \dfrac{10s+5}{2s}$，利用 Simulink 建立系统的模型方块图，如图 2-16c 所示。运行模型方块图，双击示波器符号得阶跃响应曲线，如图 2-16d 所示。

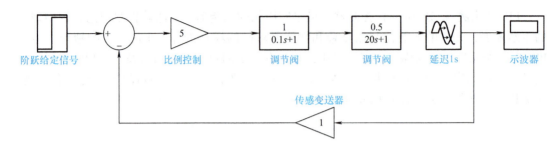

a) 比例控制的模型方块图

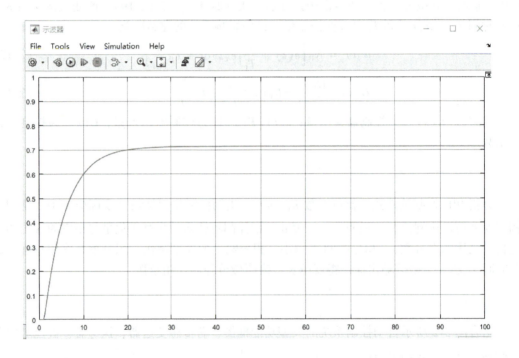

b) 比例控制阶跃响应曲线

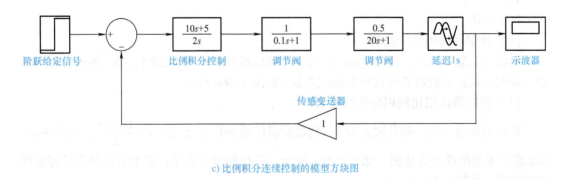

c) 比例积分连续控制的模型方块图

图 2-16 系统不同控制规律

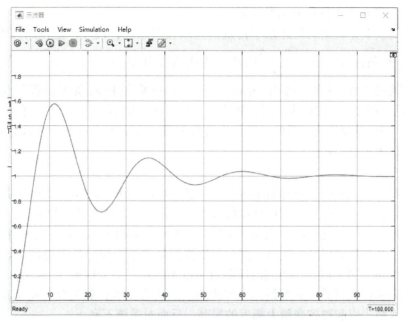

d) 比例积分连续控制阶跃响应曲线

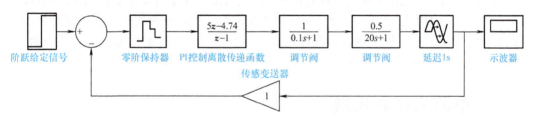

e) 比例积分离散控制的模型方块图

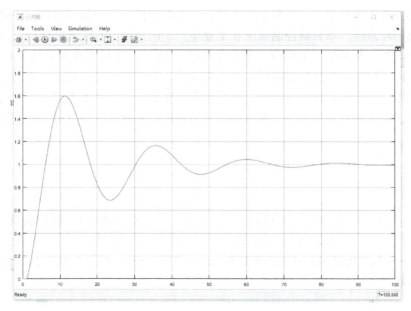

f) 比例积分离散控制阶跃响应曲线

仿真结构图及阶跃响应曲线

(3) 控制器选用比例积分离散控制

上述仿真模型方块图的构建基于传统的连续控制系统，现在广泛使用离散控制（计算机控制），控制器 $G_c(s) = \dfrac{10s+5}{2s}$ 的离散传递函数为 $G_c(z) = \dfrac{5z-4.75}{z-1}$，采样周期 $T = 0.1\mathrm{s}$，系统其他参数不变。利用 Simulink 建立相应离散控制系统的模型方块图，如图 2-16e 所示，图 2-16e 中的零阶保持器在离散采样时，把第 nT 时刻的采样信号值一直保持到第 $(n+1)T$ 时刻的前一瞬间。运行修改后的模型方块图，双击示波器符号得其阶跃响应曲线，如图 2-16f 所示。

(4) 结论

通过读阶跃响应曲线，分析系统的控制性能。通过上述三种情况的仿真对比可知，比例控制有误差，没有振荡；比例积分控制可消除误差，但系统有明显的振荡；对于离散控制系统，如采样周期 T 选得小，则控制精度好，但对计算机控制系统的实时性要求更高。

利用 Simulink 仿真模型方块图，按照控制规律及其系数变化的思路进行设计、分析、总结。积分时间 T_I 过大或过小得到的控制效果都不理想。微分时间 T_D 越大，微分作用越强，系统的振荡程度越低，动态指标全部提高，但仍有余差；如微分时间 T_D 过大，超前控制作用就太强，引起被控变量大幅度的振荡，反而对系统不利。

PID 控制的基础是比例控制，具有快速及时的特点，属于有差控制；积分控制可消除稳态误差，但可能增加超调；微分控制可加快大惯性系统响应速度并减弱超调趋势。PID 控制规律综合了 P、I、D 三种控制规律的优点，具有较好的控制性能，在过程控制工程中应用广泛，实际应用时应将 K_P、T_I、T_D 三参数进行最佳匹配（整定）。

2.5 单回路控制系统

单回路控制系统是指由一个测量变送器、一个控制器、一个执行器和一个被控对象所构成的回路闭环系统。单回路控制系统在工业生产中的应用占有很大的比例；同时，它也是构成其他类型控制系统（如串级、比值、前馈、均匀、分程等控制系统）的基础。学习与掌握单回路控制系统的操作应用、分析与设计、工程实施等内容，是自动控制技术最为基本的要求。结合电动机调速系统、液位恒定等实训平台，理解系统的组成与原理、系统方案设计、系统的安装与操作、系统的运行与调试、系统的故障分析和处理等内容。

2.5.1 系统的组成与原理

1. 系统组成

图 2-17 所示单闭环直流调速系统就是一个典型的单回路控制系统，该控制系统的基本组成为：被控对象——直流电动机，测量部分——测速发电机和反馈电位器，控制器——放大器，执行器——触发电路和晶闸管整流电路（触发整流电路）。控制系统的目标是使电动机转速保持恒定。

2. 工作原理

图 2-17 所示单回路控制系统的基本结构是一个负反馈闭环回路，属于定值控制系统。

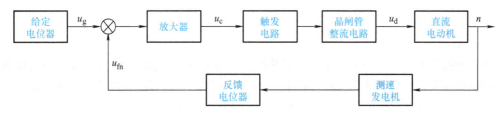

图 2-17 单闭环直流调速系统

其控制过程：当电动机负载增加（干扰）而出现转速下降时，通过测速发电机和反馈电位器把测量值输入控制器（放大器）；并与给定值比较，得到偏差值，控制器根据偏差值的大小和控制规律运算，输出控制信号到执行器（触发整流电路），改变电动机的转速，利用负反馈自动调整，使转速保持恒定。

单回路控制系统具有结构简单、投资少、易于调整和投运、操作维护方便等特点，能够满足一般工业生产过程的控制要求，尤其适用于被控过程的纯时延和惯性小、负载和扰动变化比较平缓或者对被控质量要求不太高的场合。

2.5.2 系统方案设计

控制系统的设计遵循安全性、稳定性和经济性三个基本要求：安全性是指在整个生产过程中，确保人员、设备的安全；稳定性是指系统在一定外界干扰下，在系统参数、工艺条件一定的变化范围内能长期稳定运行的能力；经济性是指提高产品质量、产量的同时，降耗节能，提高经济效益与社会效益。根据单回路控制系统的组成和控制原理，在熟悉生产工艺后，进行控制方案设计。系统方案设计主要包括被控变量的选择、操纵变量的选择、执行器的选择、检测仪表的选择、控制器的选择，下面基于定性原则进行简要介绍。

1. 被控变量的选择

（1）概况

被控对象是最重要的工艺生产设备，确定被控对象也就是选择被控对象的输入信号（操纵变量）与被控对象的输出信号（被控变量），一旦操纵变量与被控变量确定后，控制通道的特性也就确定了。

在设计一个自动控制系统时，被控变量的选择十分重要，这关系到系统能否达到稳定操作、增加产量、提高质量、改善劳动条件、保证安全等目的。被控变量的选择是与生产工艺密切相关的，而影响生产工艺的因素有很多，但并非所有影响因素都要加以自动控制；必须深入实际调查研究、分析工艺，找出影响生产工艺的关键变量作为被控变量。

（2）选择原则

要正确选择被控变量，必须充分了解工艺过程、工艺特点及对控制的要求，并共享工程经验。被控变量的选择遵循四个基本原则：其一，选择对产品的产量和质量、安全生产、经济运行和环境保护具有决定性作用的、可直接测量的工艺参数为被控变量；其二，当不能用直接参数作为被控变量时，应选择一个与直接参数有单值函数关系的间接参数作为被控变量；其三，被控变量必须具有足够高的灵敏度；其四，被控变量的选取，还必须考虑工艺过程的合理性和国内外仪表生产的现状。图 2-17 所示系统中被控变量是转速。

2. 操纵变量的选择

(1) 概况

在自动控制系统中,用来克服干扰对被控变量的影响,实现控制作用的变量称为操纵变量。影响被控变量的外部输入往往有若干个,在这些输入中,有些是可控的,有些是不可控的。原则上,是在诸多影响被控变量的输入中选择一个对被控变量影响显著而且可控性良好的输入变量作为操纵变量,而其他未被选中的所有输入量则视为系统的干扰变量。

操纵变量作用在被控对象上,与被控变量的信号联系称为控制通道。干扰变量作用在被控对象上,干扰变量与被控变量的信号联系称为干扰通道。被控对象特性可由两条通道来进行描述,它们的数学模型都可以用一阶环节(惯性环节)和滞后环节来近似,其传递函数为 $G(s) = \dfrac{k}{Ts+1} e^{-\tau s}$。

(2) 通道特性及对控制质量的影响

根据自动控制系统的数学模型和控制性能关系,系统中的环节结构及参数改变,则系统控制性能相应发生改变。操纵变量的选择直接决定了被控对象的特性,为此,从理论上探讨控制通道与干扰通道传递函数的放大倍数(控制通道—k_0、干扰通道—k_f)、时间常数(控制通道—T_0、干扰通道—T_f)、滞后时间(控制通道—τ_0、干扰通道—τ_f)对控制质量的影响,以便在多种可能方案中,选择控制性能较优的方案。

1) 放大倍数对控制质量的影响。k_0 越大,表明操纵变量对被控变量影响越显著,控制作用越强。但当 k_0 过大,控制过于灵敏,超出控制器比例度所能补偿的范围时,会使控制系统不稳定。干扰通道放大倍数 k_f 则越小越好,k_f 小则表示扰动对被控变量的影响小,系统的可控性就好。

2) 时间常数对控制质量的影响。T_0 越大,系统的控制质量越差,太小则稳定性下降,系统质量也变差,大小应该适中。T_f 对提高系统的品质是有利的,随着 T_f 的增大,控制过程的品质也会提高;另外,干扰进入系统的位置越远离被控变量而靠近调节阀,干扰对被控变量的影响就越小,系统的控制质量也就越高。

3) 滞后时间对控制质量的影响。控制通道的纯滞后 τ_0 会使系统的动态偏差增大,超调量增加,最终导致控制质量下降;在选择控制参数时,应使对象控制通道的纯滞后 τ_0 尽可能小。干扰通道的纯滞后 τ_f 使干扰对被控参数的影响推迟了时间 τ_f,因而控制作用也推迟了时间 τ_f,使整个过渡过程曲线推迟了时间 τ_f。

(3) 选择原则

综合上述分析,操纵变量的选择应遵循三个基本原则:其一,设计控制系统时,其控制通道特性应具有足够大的放大倍数、比较小的时间常数及尽可能小的纯滞后时间;其二,系统主要扰动通道特性应具有尽可能大的时间常数和尽可能小的放大倍数;其三,应考虑工艺上的合理性,如果生产负载直接关系到产品的质量,那么就不宜选为操纵变量。图2-17所示系统中的操纵变量是直流电动机工作电压。

3. 执行器的选择

(1) 概况

执行器的选择和使用将直接影响过程控制系统的安全性和可靠性,执行器是控制系统中非常重要的一个环节，它接收来自控制器的输出信号并转化为对被控对象的实际动作。在过程控制系统中，执行器主要是各种调节阀。机电控制系统中的执行器主要是各类电动机，根据应用角度可分为常规电动机、伺服电动机、特殊电动机等类型。下面以位置控制常用电动机为例进行简要说明。

（2）位置控制用电动机

位置控制用电动机分为步进电动机（分为开环和闭环）、直流伺服电动机（分为有刷和无刷）、交流伺服电动机（分为同步和异步，运动控制中一般都采用同步电动机）等，表2-1为控制电动机的定位控制性能比较，可为电动机的选择提供参考。

表2-1 控制电动机定位控制性能比较

控制用电动机	优 点	缺 点
步进电动机（开环）	驱动控制电路简单，可靠性高，维护容易	动作慢，振动、噪声大，效率低
步进电动机（闭环）	驱动控制电路比直流伺服无刷电动机简单，响应速度快，维护容易	效率较开环更低
直流伺服电动机（有刷）	成本低，结构简单，起动转矩大，调速范围宽，控制容易	需要维护，对环境有要求
直流伺服电动机（无刷）	体积小，重量轻，出力大，响应快，速度高，惯量小，转动平滑，转矩稳定，电动机免维护，效率高	控制复杂
交流伺服电动机	响应速度与直流伺服电动机一样快，功率范围大，可靠性高，效率高	控制电路复杂

4. 传感变送器的选择

（1）概况

传感变送器把工艺变量的值（被控变量的测量值）检测出来并转换成标准的电或气信号（如4～20mA、0～10mA、1～5V或0.02～0.1MPa），实时传送至控制器作为反馈量，或传输至显示仪表进行显示或记录。传感变送器从输入输出关系来看，其传递函数可近似为 $G(s) = \dfrac{k}{Ts+1}e^{-\tau s}$。

对传感变送器的基本要求是能够可靠、正确和迅速地完成信号的转换，为此需要考虑三个主要问题：其一，传感变送器在现场工作环境条件下能否可靠地长期工作；其二，测量误差是否不超过工艺规定的界限；其三，测量信号的动态响应是否迅速。总之，对传感变送器正确地选型、精心地进行维护、规范化地安装和排除信号干扰，是用好传感变送器、保证传感变送器的输出信号能真实反映被控变量的关键。

（2）测量信号的处理

为了提高测量信号的精度，在传感变送器内部和控制器内部，需要对现场测量信号进行必要的处理，主要包括两个方面：测量信号的滤波和线性化处理。

5. 控制器的选择

控制器（调节器）是控制系统的核心部件，控制器的选择除了控制器的装置形式（如 PLC、智能仪表、计算机、工控板等）的选择之外，还包括控制规律的选择和正、反作用方式的选择。工程上根据不同的对象特性，选择与之相配合的控制规律来进行控制，以符合工艺的控制要求；对于正、反作用方式的选择，应确保整个控制系统构成负反馈，以满足系统稳定性的要求。

（1）控制规律的选择

控制器的控制规律也称调节规律，是指控制器的输出信号 $u(t)$ 与输入信号 $e(t)$ 之间随时间变化的规律（数学关系式）。其基本控制规律有比例（P）、比例积分（PI）、比例微分（PD）及比例积分微分（PID），前面利用 MATLAB 软件从理论上探讨了 PID 控制对系统的影响，表明 PID 的调节效果最好（从超调量、过渡过程时间、稳态误差看），PI 其次，PD 次之（有差），P 再次之。下面对常用控制规律从特点及应用场合进行介绍，以指导在工程项目中控制规律的选择。

1）比例控制（P）。比例控制是最基本的控制规律，其特点是控制作用简单、及时、调整方便；缺点是系统存在余差。通过提高比例系数可减小余差，但是系统稳定程度会降低。

2）比例积分控制（PI）。比例积分控制是应用最广的控制规律，在反馈控制系统中，约有 75% 采用的是比例积分控制。积分作用的引入，使系统具有消除余差的能力。另外，积分作用的滞后特性还有利于减小高频噪声的影响。但加入积分会使系统稳定性降低，必须减小比例放大系数以保持系统原有的稳定性，积分时间应该根据不同的对象特性加以选择。

3）比例微分控制（PD）。比例微分控制由于微分作用的引入，使系统具有超前控制功能，因而控制更加及时，可有效减小动态偏差，但对于纯滞后过程无效。因此，对于控制对象容量（被控对象储存物质或能量的能力）滞后较大的场合，可采用比例微分控制。如果微分作用太强，容易产生超调，反而会引起系统剧烈振荡，降低系统的稳定性。另外，微分作用对高频信号非常敏感，所以有高频噪声的地方不宜使用微分。

4）比例积分微分控制（PID）。PID 控制规律综合了各种控制规律的优点，适当调整 K_P、T_I、T_D 三个参数，可以使控制系统获得较高的控制质量。一般来说，PID 控制适用于对象容量滞后较大、负载变化大、控制质量要求较高的场合。PID 控制含有三个参数，整定时也会复杂一些，而且如果整定不合理，反而会使控制效果变差。

模拟式和数字式控制器（仪表）一般都同时具有比例、积分、微分三种作用，只要将微分时间置于零，就成了比例积分控制器；如果再将积分时间置于最大值，便成了比例控制器。在 DCS、PLC 等计算机控制系统中选择控制规律，也是通过参数设置来完成的。

（2）正、反作用方式的选择

对于闭环控制系统来说，若要使系统稳定，系统应采用负反馈。在系统分析时，为了保证能构成负反馈控制系统，主要考虑控制器、执行器、被控对象、传感变送器各个环节放大系数 K_c、K_v、K_0、K_m 的符号连乘为负。只要事先知道了执行器、被控对象、传感变送器放大系数的正负，就可以很容易确定控制器的正、反作用方式。

环节正负的确定方法：输入增加，输出也增加，则环节的放大系数符号为正；输入增加，输出减小，则环节的放大系数符号为负。

1）被控对象放大系数 K_0 的正负号。当操纵变量增加，被控变量也增加时，K_0 为正；当操纵变量增加，被控变量减小时，K_0 为负。

2）执行器放大系数 K_v 的正负号。当控制信号增加，操纵变量也增加时，K_v 为正；反之 K_v 为负。

3）传感变送器放大系数 K_m 的正负号。当被控变量增加，传感变送器的输出也增加时，K_m 为正，一般传感变送器放大系数 K_m 为正。

4）控制器放大系数 K_c 的正负号。控制器的正、反作用方式：测量值增加，输出也增加时，则称控制器为正作用方式，放大系数 K_c 为正；反之，当测量值增加，输出减小时，则称控制器为反作用方式，放大系数 K_c 为负。

确定控制器正、反作用的顺序：其一，根据生产工艺安全等原则确定执行器的正、反作用；其二，按被控过程特性确定其正、反作用；其三，根据"组成系统的开环传递函数各环节的静态放大系数极性相乘必须为负"的原则，确定调节器的正、反作用方式。

2.5.3 系统的安装与操作

在控制方案设计的基础上，进行设计方案的实施，主要包括：其一，完成仪表、设备选型工作；其二，根据系统的结构，设计绘制带控制点的工艺流程图；其三，根据接线图完成系统的安装。

2.5.4 系统的运行与调试

自动控制系统各个组成部分根据工艺要求设计，通过仪表正确选型、按设计要求安装接线、线路经过检查正确无误、所有仪表和设备经过检查符合精度要求并已运行正常后，可着手进行控制系统的调试，调试主要包括系统的投运和 PID 参数整定。

1. 系统的投运

控制系统安装完毕或经过停车检修之后，要投入运行（投运）；在投运前必须要进行全面细致的检查和准备工作。投运的实质就是将系统由手动工作状态切换到自动工作状态，这一过程是通过控制器上的手动-自动切换开关（从手动位置切换到自动位置）来完成的，此切换必须保证无扰动地进行。

（1）投入运行前的准备工作

应熟悉工艺过程，了解主要工艺流程、对控制指标的要求以及各种参数之间的关系，熟悉控制方案、测量元件、执行器、被控对象的位置以及紧急情况下的故障处理。投运前的主要检查工作如下：

1）对检测元件、变送器、控制器、显示仪表、执行器等各环节进行检查校验，保证精度要求，并能正常使用。

2）对仪表等装置的各种接线和工艺装置进行检查，是否有接错、通断异常，是否有堵、漏、卡等现象，保证连接正确和传输畅通。

3）设置好控制器的正/反作用方式、手/自动开关位置等，根据经验预置比例、积分、微分参数值。

4）进行联动试验，用模拟信号代替测量变送信号，检查执行器能否正确动作，仪表是否正确显示等；改变比例系数、积分和微分时间，观察控制器输出的变化是否正确。

（2）控制系统的投运

在充分做好投运前的准备工作后，系统进入投运使用阶段。简单控制系统的投运步骤包括：检测系统投运、手动遥控、控制器投运。控制器的投运在系统工况平稳后进行，控制器由手动无扰地切换到自动工作方式，为控制器PID参数整定奠定基础。

2. PID 参数整定

（1）概况

整定是指根据被控过程的特性，确定PID控制器的比例度、积分时间和微分时间的大小。整定的实质就是通过调整控制器的参数，使其特性与被控对象特性相匹配，改善系统的动态和静态特性，以达到最佳的控制效果。整定方法分为理论计算整定法和工程整定方法，理论计算整定法要求已知广义对象的数学模型，但整定繁琐、工作量大。工程整定方法一般不要求知道广义对象特性，可直接通过试验探索，具有方便实用的特点。下面介绍工程整定方法中常用的衰减曲线法和经验法。

（2）衰减曲线法

常用的4:1衰减曲线法整定步骤为：其一，将调节器的积分时间置于最大值，微分时间置为零，比例度置为较大的数值，系统投入运行；等系统运行稳定后，根据工艺操作的许可程度对设定值加2%~3%的阶跃干扰，观察调节过程变化情况，并减小δ，直到出现4:1衰减振荡过程曲线（见图2-18），记录下此时的临界比例度δ_s和衰减振荡周期T_s；其二，根据δ_s和T_s，使用表2-2中的公式，计算出控制器的各个PID参数；其三，将PID参数设置在控制器上，观察运行过渡过程曲线，若不太理想，则对上述整定参数做适当调整。

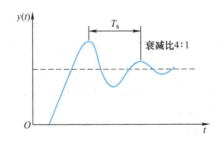

图2-18　4:1衰减振荡过程曲线

表2-2　4:1衰减曲线法整定计算公式

控制规律	$\delta(\%)$	T_I	T_D
P	δ_s		
PI	$1.2\delta_s$	$0.5T_s$	
PID	$0.8\delta_s$	$0.3T_s$	$0.1T_s$

(3) 经验法

在现场的应用中，控制器的整定参数根据流量、温度、压力、液位、转速、位移等被控变量的特点，将各类控制系统调节器的整定参数按先比例控制、后比例积分控制、最后比例积分微分控制的顺序置于某些经验数值后，系统投入闭环工作；然后小幅调整给定值，观察系统过渡过程曲线。若曲线还不够理想，则改变控制器的 δ、T_I 和 T_D 的数值，进行反复试凑，以寻求"最佳"的整定参数，直到控制质量符合要求为止。

参照经验法 PID 参数工程整定口诀，以实际经验为基础，经过现场情况反复调整直到符合要求为止。另外，智能控制器基本上都提供"PID 参数自整定"功能模块，可以极大地方便 PID 参数整定工作。

2.5.5 系统的故障分析和处理

控制系统在线运行时，若不能满足控制质量指标的要求，则说明方案设计合理的控制系统存在故障，需要及时处理，排除故障。下面从故障的类型、故障的判断、故障的分析三个方面进行简要说明。

(1) 故障的类型

判断自动控制系统的故障是一个复杂的问题，可归纳为四个方面：

1) 工艺方面。工艺设计不合理或者工艺本身不稳定，从而在客观上造成控制系统扰动频繁、扰动幅度变化很大，自动控制系统在调整过程中不断受到新的扰动，使控制系统的工作复杂化，从而反映在记录曲线上的控制质量不够理想，这时需要工艺和仪表工同心协力、共同分析，才能排除故障。

2) 仪表方面。自动控制系统的故障也可能是控制系统中个别仪表造成的，例如仪表灵敏度的下降、精度不高，尤其是安装在现场的执行机构（执行器），由于腐蚀、磨损、填料的干涩而造成摩擦力增大，使执行机构的性能变坏。据资料分析统计，自动控制系统的故障大多数是由执行机构造成的。

3) 控制器参数整定方面。控制器参数不同，开环系统动、静态特性就发生变化，控制质量也就发生改变。控制器参数整定不当而造成控制系统的质量不高属于软故障，控制器参数不是静止不变的，当负载或干扰发生变化时，控制对象的动、静态特性随之变化，控制器的参数也要随之调整。

4) 仪表及设备安装、使用和维护方面。由于仪表安装不规范、安装位置不当，仪表使用不规范，对仪表缺乏定期和经常性的维护（包括仪表的定期检查和校验不到位），可能导致系统工作异常。

(2) 故障的判断

分析故障前要做到"两了解"：其一，应比较透彻地了解控制系统的设计意图、结构特点、施工及安装要点、仪表精度、控制器参数要求等内容；其二，应了解有关工艺生产过程的情况及其特殊条件。在分析和检查故障前，应首先向当班操作工了解情况，包括处理量、操作条件、原料等是否改变，并结合记录曲线进行分析，以确定故障产生的原因。一旦故障原因找到了，其处理故障的办法就迎刃而解了。

(3) 故障的分析

控制系统故障的常用分析方法是"层层排除法"。简单控制系统由四部分组成，无论故障发生在哪部分，首先检查最容易出故障的部分，然后再根据故障现象，逐一检查各部分、各环节的工作状况。

2.6 复杂控制系统概述

生产过程的大型化、复杂化和智能化，以及经济发展对产品质量提出了更高的要求（如设备具有明显非线性的特性、控制过程中扰动信号频率较高且幅度大），使得单回路控制系统难以胜任。为此，引入串级、比值、前馈、均匀、分程、选择性等复杂控制系统，同时，进一步引入神经网络、模糊控制和专家系统等人工智能算法以提升系统性能。

对应用型人才而言，只需了解控制系统的设计和选择的常识，重在掌握系统的组成、调试、运行、工作性能和系统的维护等内容。复杂控制系统亦可采用单回路控制系统的分析和设计方法，下面简要介绍常用的串级控制系统常识。

2.6.1 串级控制的基本原理与结构

1. 引入

当对象的滞后较大、干扰比较剧烈且频繁时，单回路控制系统满足不了工艺要求，可考虑采用串级控制系统。串级控制系统的特点是两个控制器相串联，主控制器的输出作为副控制器的输入（给定值）。

前述转速单闭环直流调速系统不能获得快速的动态响应，对扰动的抑制能力差，其应用受到限制。实际的生产机械要求频繁地起动或正反转切换，以提高生产效率。利用直流电动机的过载能力，在起制动过程中始终保持最大电流，电动机便能以最大的角速度起动。当转速达到稳态转速后，让电流立即下降，使转矩平衡，以稳定转速运行。为此，把电流负反馈和转速负反馈分别施加到两个调节器上形成转速、电流双闭环串级调速系统，其功能框图如图2-19所示。

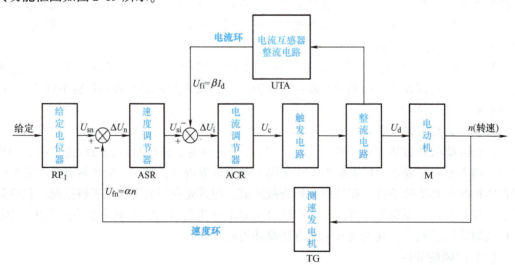

图2-19 转速、电流双闭环串级调速系统功能框图

2. 结构

串级控制系统的回路有主回路和副回路（或称为主环和副环）。主回路以稳定被控变量值恒定为目的，完成"细调"。主控制器的设定值是由工艺规定的，是一个定值，因此主回路是一个定值控制系统。而副控制器的设定值是由主控制器的输出提供的，随主控制器输出的变化而变化，因此副回路是一个随动系统，起预调作用，属于"粗调"。

在主回路中，被控变量称为主被控变量（简称主变量），检测主被控变量的测量变送器称为主测量变送器，生产过程中含有主被控变量的被控制的工艺生产设备称为主对象，根据主被控变量的测量值与设定值的偏差进行工作的控制器称为主控制器，作用在主被控过程上的扰动称为一次扰动；在副回路中，对应称为副被控变量（简称副变量）、副对象、副控制器、二次扰动。

3. 基本作用

电流调节器 ACR 的主要作用是在电动机运行过程中稳定电流，速度调节器 ASR 的主要作用是保持电动机的转速稳定，并消除转速静差。

串级控制具有三个特点：其一，系统有两个闭合回路，形成内、外环；主变量是工艺要求控制的变量，副变量是为了更好地控制主变量而选用的辅助变量；由于副回路的快速作用，使整个控制系统对进入副回路的干扰具有很强的克服能力。其二，主、副控制器是串联工作的，主控制器的输出作为副控制器的给定值。其三，由于副回路的存在，改善了对象的特性，使系统的工作频率提高，具有一定的自适应能力。

2.6.2 串级控制的设计

1. 主、副变量的选择

其实质是串级控制系统的主、副回路的选择，应遵循四个原则：其一，保证副变量是操纵变量到主变量通道中的一个适当中间变量；其二，副回路必须包括主要干扰，这是因为串级控制系统的副回路对进入其中的干扰具有较强的克服能力；其三，副回路的设计必须使主、副对象的时间常数适当匹配；其四，副回路的设计应考虑工艺上的合理性、可靠性及经济性。

2. 主、副控制器控制规律的选择

从工艺上来说，串级控制系统的主变量是工艺操作的主要指标，允许波动的范围很小，一般要求无余差，因此主控制器应选 PI 或 PID 控制规律。副变量的设置是为了保证主变量的控制质量，可以允许在一定范围内变化，允许有余差，因此副控制器一般选 P 控制规律。

3. 主、副控制器正、反作用的选择

选择依据和步骤类似于单回路控制系统，确保主、副回路均构成负反馈系统。

2.7 随动控制系统概述

2.7.1 随动控制的基本概念

1. 随动控制的内涵

自动控制系统中,被控变量是位移、速度或加速度等机械变量的反馈控制系统,则称之为随动控制系统。以直线位移或角位移为被控变量的控制系统,称为位置随动系统(或伺服系统)。位置随动系统为狭义的随动控制系统。其主要任务是按照控制命令要求,对信号进行变换、调控和功率放大等处理,使驱动装置输出的转矩、速度及位置都能得到精确的控制,使机械运动部件按照预期的运动轨迹和规定的参数进行运动。

2. 随动控制系统的分类

随动控制系统根据驱动方式可分为直流伺服系统和交流伺服系统:直流伺服系统常用的伺服电动机有小惯量伺服电动机和永磁直流伺服电动机;交流伺服系统使用交流异步伺服电动机和永磁同步伺服电动机。随动控制系统的控制方式有位置控制、速度控制和转矩控制等类型:位置控制是对转角位置或直线位移进行控制;速度控制的原则是保证电动机的转速与速度指令一致;转矩控制是通过外部模拟量的输入或直接赋值来设定电动机转轴对外输出转矩的大小。根据是否闭环,随动控制系统可分为开环系统、半闭环系统和闭环系统。

3. 随动控制的关键技术

随动控制是以机械运动为主要的生产方式,以电动机为主要被控对象的快速、高精度的控制。随动控制与常规自动控制的不同点在于,其目的是为了完成高精度的快速控制任务,其技术要求为稳定性好、精度高、响应快、低速大转矩、高速恒功率、调速范围宽。为此,需要专门的或比常规控制系统性能要求更高的元器件和技术。

随动控制中的关键技术主要包括伺服传动、精密机械、检测传感、自动控制、计算机与信息处理等。伺服传动技术是完成执行操作的主要技术,伺服系统是实现电信号到机械动作的转换装置或部件,对系统的动态性能、控制质量和功能具有决定性的影响。常见的伺服驱动设备有直流伺服电动机、交流伺服电动机、步进电动机等,它们需要配备相应的驱动器为电动机提供所需的工作电源。

位置随动系统中常用的位移检测装置有自整角机、旋转变压器、感应同步器、光电编码盘、光栅等。在现代计算机集成制造系统(CIMC)、柔性制造系统(FMS)等领域,位置随动系统得到越来越广泛的应用。

4. 随动控制系统的组成与工作原理

(1) 基本组成

随动控制系统的典型功能框图如图 2-20 所示。"PC + 运动控制器 + 伺服电动机"的开放式结构是机电产品的发展方向，主控制器 PC 的主要功能是根据具体装置的随动控制类型优化指令形式，属于上层控制，其软件是通用的。而伺服电动机是主要的执行部件，具体完成随动控制。

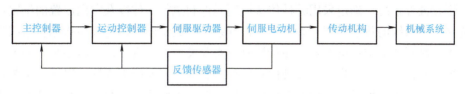

图 2-20　随动控制系统的典型功能框图

运动控制器是专门为随动控制而设计制造出的随动控制板，可分成三大类：可编程控制器、运动控制器、多轴计算机辅助控制器。运动控制器根据上层计算机给出的指令，结合具体的伺服系统类型，将其指令转化为伺服电动机的运动。运动控制器按照体系结构不同，可分为封闭式的专用控制器和开放式通用控制器，开放式通用控制器的体系结构是机器人研究领域的热点。运动控制器按照核心技术方案不同，可分为基于微控制单元型、基于可编程逻辑型、基于数字信号处理（DSP）型等。

随动控制中常用的数字传感器有增量式、绝对式、光学、触觉传感器等类型，反馈传感器不仅实现负反馈的高精度控制作用，还为显示记录提供依据。常用的传动机构有谐波齿轮传动机构和滚珠丝杠；谐波齿轮传动机构是一种依靠齿轮的弹性变形运动来达到传动目的的传动机构；滚珠丝杠可将旋转运动转化为直线运动。

（2）基本原理

运动控制器对偏差运算处理后，发送随动控制信号到伺服驱动器。由伺服驱动器驱动伺服电动机运行；再通过伺服电动机上的编码器及反馈传感器反馈信号至运动控制器。至此，整个随动控制系统实现运动控制器的闭环控制。控制器可以完成随动控制的所有细节，包括脉冲和方向信号的输出、自动升降速的处理、原点和限位等信号的检测等功能。

2.7.2　随动控制系统的设计及分析

随动控制系统设计及分析的主要工作包括：其一，进行方案设计；其二，控制器、电动机、传感器等硬件选型及集成；其三，编制应用程序，给运动控制器发送相应的速度、位置指令，实现机电装置所需要的运动功能。类同于前面的控制系统，其核心是选用运动控制器。

随动控制系统的设计基于稳定性、快速响应性和精度三个方面来评价总体要求，即系统稳定性好、快速响应性好、控制精度高。工程中的任务主要包括：其一，根据系统总体性能要求，选择合适的子系统部件；其二，协调各子系统成为一个完整的系统并使其能够合理地工作；其三，选择系统最佳工作条件；其四，使系统获得尽可能好的控制性能；其五，设计出友好的人-机接口软件及控制软件，使系统完成期望的控制任务。

1. 设计基本步骤

设计随动控制系统具有专业性、先进性、综合性、复杂性等特点，其主要步骤为：第一步，研究被控系统，确定采用哪种传感检测元件和执行元件以及它们放置的位置；第二步，建立被控系统的数学模型；第三步，根据系统的数学模型确定性能指标；第四步，确定所采用控制器的类型；第五步，在计算机或实验模型上仿真系统，若不满足要求，从第一步开始重新设计；第六步，选择硬件和软件并实现控制器所需算法，以满足工艺要求的性能指标；第七步，根据实际情况在线调整控制器。下面简要介绍有关系统部件的选择和系统分析的相关内容。

2. 系统部件的选择

随动控制系统的部件选择必须从类别、性能、材料、制造和控制几个角度来考虑，一个完整的随动控制系统一般由伺服电动机、伺服驱动器、位置传感器、运动控制器和控制软件组成。

（1）伺服电动机

随动控制系统的执行机构通常由各种类型的伺服电动机和减速器构成，常用的伺服电动机有无刷直流电动机、交流伺服电动机、步进电动机，有各自的优点和局限性。直流伺服电动机的工作原理与他励直流电动机相同；交流伺服电动机实质上是一个两相感应电动机，定子装有两个在空间上相差 90° 的绕组（励磁绕组 A 和控制绕组 B）。

为获得较高的定位精度、良好的低速性和快速性等较好的动静态特性，伺服电动机应符合四个方面的要求：宽广而平滑的调速范围、较硬的机械特性和良好的调节特性、快速响应特性、空载起动电压和转动惯量小。

（2）伺服驱动器

伺服驱动器是用来控制伺服电动机的控制器，与伺服电动机配套使用。伺服驱动器的作用类似于变频器作用于普通交流电动机，属于伺服系统的一部分，主要应用于高精度的定位系统，被广泛应用于工业机器人及数控加工中心等自动化设备中。目前主流的伺服驱动器均采用数字信号处理器（DSP）作为控制核心，可以实现比较复杂的控制算法，实现了数字化、网络化和智能化，功率器件普遍采用以智能功率模块（IPM）为核心设计的驱动电路。

整个伺服系统的调速性能、动态特性、运行精度等均与驱动元件有关，因此伺服驱动器应满足四个方面的要求：其一，调速范围宽且有良好的稳定性，尤其是低速时的速度平稳性；其二，负载特性硬，即使在低速时也应有足够的负载能力；其三，具有快速响应特性；其四，能够频繁启、停及换向。

（3）位置传感器

位置随动系统要控制的量一般是直线位移或角位移，常用的位移检测装置有自整角机、旋转变压器、感应同步器、电位器、光电编码器等，光电编码器具有四个方面的优点：其一，非接触测量，无接触磨损，码盘寿命长，精度保证性好；其二，允许测量转速高,精度较高;其三,光电转换,抗干扰能力强;其四,体积小,便于安装。因此,光电编码器在位置传感器中占有非常重要的地位。

编码器是将模拟信号转变为数字信号的模/数转换器,根据编码器的输出不同,分为增量式和绝对式两种。其中光电编码器可直接将角位移信号转换成数字信号,它是一种直接编码装置,采用光耦合器、发光二极管与光电二极管对来读出码盘的状态和运动方向。

(4) 运动控制器

运动控制器是指以中央逻辑控制单元为核心,进行必要的逻辑/数学运算,为电动机或其他执行机构提供合适控制信号的智能控制装置。

1) 概况。运动控制器根据其所能控制独立运动轴的数目,分为单轴运动控制器或多轴运动控制器。传统的机器人控制系统采用的是"专用的计算机 + 多单片机 + 多控制回路"的封闭式体系结构;开放式运动控制器以 DSP(数字信号处理器)芯片为随动控制处理器,以 PC 为信息处理平台,即采用"PC + 运动控制器"的模式。

随着工业机械设备对高速化、高精度化、小型化以及多品种、小批量化、高可靠性、免维护性能要求的提高,各种高性能的数字控制器应运而生。机器人和机床应用系统中的控制器分为三类,即可编程序控制器、运动控制器和多轴计算机辅助控制器,它们可一直连到底层的通用输入/输出单元以及视觉传感系统等,均可按照用户的要求灵活配置。

2) 算法。在全数字的环境下,伺服控制器实现了软件化伺服控制。在微处理器或随动控制板中,可以采用各种先进算法,除了常规的 PID 控制外,还可采用前馈控制、速度实时监视控制、可变增益控制、共振抑制控制、模型参考控制、重复控制、预测控制、在线自动修正控制、模糊控制、神经网络控制等算法,使系统的响应性、稳定性、准确性、可操作性达到了很高的水平。

3) 选择原则。根据开放性、互换性、可移植性和可扩展性的目标,运动控制器应具有四个方面的特征:其一,能方便地与机床、机器人等被控设备连接;其二,从硬件上可以实现一到多个坐标轴的位置、速度和轨迹伺服控制,从软件上具有完善的轨迹插补、运动规划和伺服控制功能;其三,可以迅速、便捷地建立高层应用程序与机床、机器人等设备的控制、测试及数据交换,开发使用简单;其四,维护、扩展和升级方便。

3. 系统的分析

(1) 概况

在系统设计的基础上,通过建立数学模型,利用时域分析法、MATLAB 软件或实验测试,确定系统稳、准、快所需的性能指标。下面以晶闸管交流调压供电的交流位置随动系统为例,利用 MATLAB 软件展示随动控制系统的分析过程。另外,通过实训平台的实验测试,进一步验证系统的控制性能。

(2) 示例

某交流位置随动系统的功能框图如图 2-21 所示,系统各环节经简化处理,得其动态结构图如图 2-22 所示,各环节传递函数系数设为:$K_0 = 3$、$K_A = 4$、$K_s = 10$、$K_m = 0.25$、

$T_m = 0.03$、$K_2 = 10$、$\alpha = 1$、$\tau = 0.16$。当利用 MATLAB 软件中的 Simulink 平台构建系统仿真模块库文件,并分析 PID 控制器系数变化时,系统性能的变化趋势。

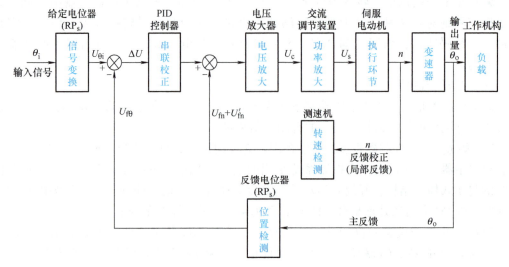

图 2-21 某交流位置随动系统的功能框图

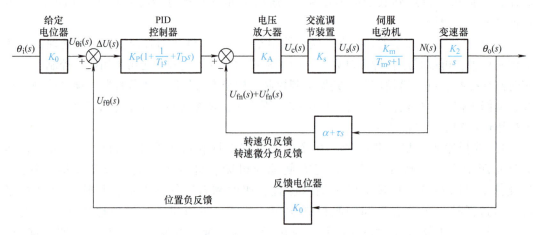

图 2-22 某交流位置随动系统的动态结构图

1) PI 控制。PID 控制器系数 $T_I = 1$、$T_D = 0$、$K_P = 3$,参照图 2-16 利用 MATLAB 软件中的 Simulink 平台自主构建系统的仿真动态结构。运行仿真动态结构图,得其单位阶跃输入响应曲线。

2) PID 控制。PID 控制器系数 $T_I = 1$、$T_D = 0.5$、$K_P = 3$,运行仿真动态结构图,得其单位阶跃输入响应曲线。

3) 阶跃响应曲线分析。交流位置随动系统在 PID 两种不同参数控制时,其性能特点为:系统均稳定、稳态误差为零;PI 控制的超调量很大,不能满足系统要求,PID 控制无超调量,PID 控制的快速性优于 PI 控制,这说明 PID 参数合适时,性能优于 PI 控制。另外,自主修改 PID 参数和系统的结构参数,可对比观察性能变化趋势。

2.8 双闭环直流电动机调速系统仿真实验

参考前述双闭环串级调速系统功能框图（见图2-19），完成双闭环直流电动机调速系统仿真实验。首先，建立自动控制系统的数学模型；其次，利用 MATLAB/Simulink 软件平台对系统进行仿真；最后，结合本校实训平台的调试运行，验证"直流电动机转速/电流双闭环 PID 控制方案"的有效性。

另外，还可利用其他实训平台，通过了解系统的结构、部件作用、操作、调试、运行等环节，进一步理解控制系统的原理和应用。

1. 系统建模

（1）直流他励电动机数学模型

在例 2-2 中已进行了分析。

（2）晶闸管触发和整流装置的动态数学模型

此环节的输入量是触发电路的控制电压 U_c，输出量是理想空载整流电压 U_{d0}，它们之间的放大系数 K_s 看成常数，晶闸管触发和整流装置可以看成是一个具有纯滞后的放大环节。考虑到延迟时间很小，因此晶闸管触发和整流装置的传递函数可近似成一阶惯性环节：$G_2(s) = \dfrac{k}{Ts+1}$。

（3）测速发电机和电流互感器的动态数学模型

测速发电机和电流互感器的响应都可以认为是瞬时的，因此它们的放大系数分别为反馈系数 α、β。

（4）电流调节器和速度调节器的数学模型

选用 PI 控制规律，其系数根据需要可以取多组数据，以便对系统的性能进行分析对比。

综上所述，双闭环直流电动机调速系统的动态结构图如图 2-23 所示。

2. 实验参数

系统固有参数：$T_d = 0.032$、$R_d = 1.5$、$K_e\Phi = 0.132$、$K_T\Phi = 2$、$k = 40$、$T = 0.002$，反馈系数 $\alpha = 0.07$、$\beta = 0.05$，$J_G = 0.002$。

3. 仿真实验

1）在 MATLAB/Simulink 中建立系统仿真模块图。

2）T_L 视为 0 时，给定值为阶跃信号，分析不同 PI 值时系统的控制性能。

3）给定值为阶跃信号，负载变化为 $T_L(s) = -\dfrac{20}{s}$，分析不同 PI 值时系统的控制性能，并确定负载变化所产生的转速降。

4）给定值为阶跃信号，当 PI 值不变时，改变系统固有参数值，分析系统不同参数时的控制性能。

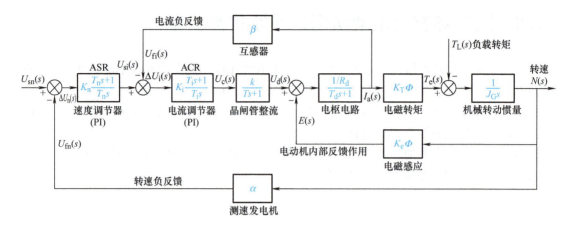

图 2-23　双闭环直流电动机调速系统的动态结构图

4. 平台应用实验

利用双闭环直流电动机调速系统实验平台，参考实验手册完成直流电动机调速系统相关实验内容。在自动控制理论指导下，通过了解调速系统的结构、部件作用、接线、操作、调试、运行以及实验数据的记录和控制性能的分析计算，实现理论和实践的有机结合。

本 章 小 结

1. 自动控制系统一般由被控对象和自动控制装置组成，自动控制装置包括传感变送器、控制器、执行机构等基本环节，可根据需要，将自动控制系统按照不同的方法来分类。

2. 自动控制系统的基本要求是稳、准、快，主要衡量指标有超调量、调节时间和稳态误差，通过理论分析和系统运行数据、工作曲线的读图来确定指标。

3. 数学模型是系统分析和设计的基础，可采用解析法和实验法建立系统的数学模型。数学模型常用传递函数、动态结构图来表示。

4. 自动控制系统的分析常用时域分析法和 MATLAB 仿真，工程上通过读取现场数据及工作曲线进行分析。通过分析可揭示系统的性能指标，如不能满足控制要求，需要对系统进行校正，系统校正主要围绕控制器进行。

5. PID 是最常用的控制规律，通过整定 PID 参数，使系统的控制性能符合要求。

6. 单回路控制系统在自动控制系统中占有十分重要的地位，不仅应用广泛，也是复杂控制系统的基础。单回路控制系统从定义、组成、方案设计、实施、调试运行和故障处理全方位地揭示了自动控制技术的应用流程。

7. 串级控制系统作为复杂控制系统的代表，对其定义、组成、控制原理、方案设计等内容进行了简要介绍。

8. 随动控制系统是机电一体化应用最为广泛和最复杂的一种系统，围绕定义、特性、组成、控制原理、方案设计和分析等内容进行了简要说明。

习题与思考题

一、填空题

1. 衡量自动控制系统的主要指标有_____、_____和余差等。
2. 自动控制系统根据是否包含反馈环节分为_____和闭环控制。
3. 自动控制的基本要求包括_____、_____和快速性。
4. 常用的三种数学模型表达类型为_____、_____和动态结构图，数学模型求取方法有_____和实验法。
5. PID 控制的 P 为_____控制，I 为_____控制，D 为微分控制。
6. 用一阶微分方程式描绘其动态特性的对象称为一阶环节或惯性环节，用二阶微分方程式描绘其动态特性的对象称为_____。
7. 所谓自动控制，就是_____。
8. 原函数 $r(t)=5t$ 的像函数是_____，像函数 $F(s)=10/(s+1)$ 的原函数是_____。
9. 单回路控制系统由传感变送器、_____和_____组成，复杂控制系统的规律有比值、_____、_____、均匀、分程等算法。
10. 系统的动态结构由四种元素组成：功能方框图、_____、_____和引出点。

二、单项选择题

1. 自动控制系统中，采用负反馈形式连接后，则（　　）。
A. 一定能使闭环系统稳定
B. 系统动态性能一定会提高
C. 一定能使干扰引起的误差完全消除
D. 合适的结构参数，才能改善系统性能
2. 通过控制系统的反馈信号使得原来信号增强，叫作（　　）。
A. 负反馈　　　　　B. 正反馈　　　　　C. 前馈　　　　　D. 回馈
3. 下列关系式中，表示比例积分 PI 控制规律的是（　　）。
A. $C=K_P e$
B. $C=K_P e+(K_P/T_I)\int e\,dt$
C. $C=K_P e+K_P T_D(de/dt)$
D. $C=K_P e+T_D(de/dt)$
4. 原函数 $r(t)=t$ 的拉普拉斯变换式为（　　）。
A. 1
B. $1/s$
C. $1/s^2$
D. $1/(s-a)$

三、判断题

1. 传感变送器一般属于正作用。（　　）
2. 单回路 PID 的系数整定方法，在工程上常常采用理论计算法。（　　）
3. 自动控制系统中各环节的正反作用可以任意选择。（　　）

四、简答题

1. 什么叫自动控制系统？根据给定值可分为哪几类？
2. 简单控制系统由哪几部分组成？各部分的作用是什么？
3. 数学模型有什么作用？通常控制系统的建模有哪几种方法？
4. 图2-24所示为某系统的单位阶跃响应实验曲线，系统是稳定的（   ）（对√，错误×），系统的超调量为____、调节时间为____、衰减比为____。改变系统的结构或参数，其响应曲线将保持不变（   ）（对√，错误×）。

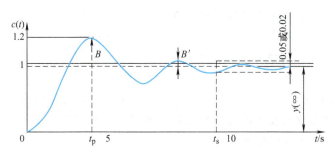

图2-24　某系统的单位阶跃响应实验曲线

5. 某一单位负反馈随动控制系统的开环传递函数为 $G(s) = \dfrac{1}{s(s+1)}$，输入信号为 $r(t) = 1(t)$。（1）试使用Simulink构造其仿真模型，并且观察其响应曲线；（2）用解析法和图解法分别求系统的上升时间 t_r、峰值时间 t_p、超调量 $\sigma\%$、调整时间 t_s 和稳态误差 e_{ss}。

6. 简述PID整定的必要性和常用整定方法。
7. 单回路控制系统投运前的主要检查工作包括哪些方面？
8. 直流电动机转速恒定控制过程中，为什么需要引入电流反馈控制？
9. 液压伺服工作台位置控制系统的结构示意图如图2-25所示，试求：（1）画出控制系统的功能框图；（2）指出各功能模块的作用和系统的控制原理。

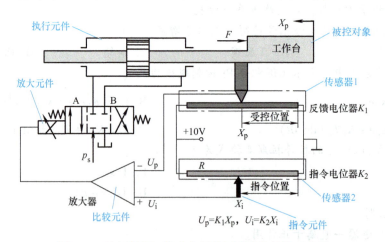

图2-25　液压伺服工作台位置控制系统的结构示意图

10. 如图2-26所示，简述该随动控制系统各部件的作用和系统的控制原理。

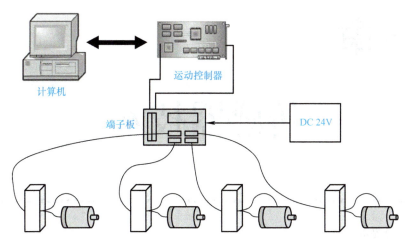

图 2-26　某随动控制系统的结构示意图

第 3 章

传感器技术

> **学习要求**
> 1. 了解传感器的定义、组成和分类。
> 2. 理解各类传感器的基本原理。
> 3. 了解不同传感器的应用场合。
> 4. 理解一般信号预处理电路的分类和作用。

3.1 传感器概述

3.1.1 传感器的定义

传感器（Transducer/Sensor）是一种检测装置，能感受到被测量的信息，并能将感受到的信息，按一定规律转换成电信号或其他所需形式的信息输出，以满足信息的传输、处理、存储、显示、记录和控制等要求。

国家标准 GB/T 7665—2005 对传感器的定义是："能感受被测量并按照一定的规律转换成可用输出信号的器件或装置，通常由敏感元件和转换元件组成。"

中国物联网校企联盟认为：传感器的存在和发展，让物体有了触觉、味觉和嗅觉等感官，让物体慢慢变得活了起来。

在机电一体化系统中，首先要获得被控对象状态和特征等物理量（如位置、速度和加速度等）。通过传感器检测，并转换成电信号，经过信息预处理，再传输到控制单元，经过分析处理后，产生控制信息。如图 3-1 所示，人脑识别外界事物与机电系统传感器检测和反馈作用过程相类似，故传感器是机电一体化系统必不可少的组成部分，是机与电有机结合的纽带。

3.1.2 传感器的组成

传感器一般由敏感元件、转换元件及转换电路组成，某些特定传感器还需要辅助电源才能工作，如图 3-2 所示。

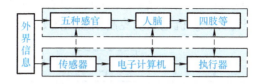

图 3-1　人脑识别外界事物与机电系统检测和反馈作用过程类比图

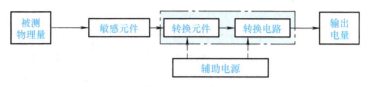

图 3-2　传感器的组成

1）敏感元件是指传感器中能直接感受（或响应）被测量的部分，并以确定的关系输出被测量，完成不易测量的非电量到可测量的非电量的变换，如传感器中各种类型的弹性元件（常被称为弹性敏感元件）。

2）转换元件是指能将感受到的非电量直接转换成电量的器件或元件。如电子秤中铝合金梁上贴的应变片，它能感受物体重量发生的应变，进而引起应变电阻丝拉伸或收缩，把应变转换成电阻变化。

3）转换电路把转换元件产生的电参数量转换成电量。常用的转换电路有电桥电路、脉冲调制电路和谐振电路等，它将电阻、电容和电感等电参量的变化转换成模拟或数字信号（如电压、电流、频率等）。如电子秤中常用的电桥电路就是转换电路。

3.1.3　传感器的分类及信号预处理

目前市场上的传感器种类繁多，同一种传感器可检测多种参数，通常情况下可按三种方式分类：按工作原理分类，按被测物理量分类和按应用范围分类。

在这里，主要介绍按被测物理量分类：

1）应变（转矩）和力测量——金属丝应变片、半导体应变片传感器等。
2）位移测量——电位器、旋转编码器、电容式传感器等。
3）大位移测量——激光和超声波测距传感器等。
4）机械振动测量——压电式加速度传感器、磁电式速度传感器等。
5）转速测量——光电编码器、光电开关和测速发电机等。
6）压力与流量测量——磁电式传感器、超声波流量计等。
7）温度测量——电阻式与热电偶式温度计。

在机电设备中，常用传感器有：

1）机电设备运动位置的测量：光电开关或电涡流式接近开关、霍尔开关等。
2）机电设备运动位移的测量：光电编码器、光栅尺、电容式位移传感器。
3）机电设备运动转速的测量：测速发电机、光电码盘等。

通常情况下，传感器检测到的信号都是比较微弱的，不利于远距离传输。如果不及时对信号进行处理，有用信号将被淹没在噪声信号中。因此，首先要将传感器输出的信息转化为标准信号,如电压(0~5V)、电流(4~20mA)或者其他合适信号,再经过滤波、放大和模/数转换后传输至计算机。机电系统控制原理框图如图3-3所示。

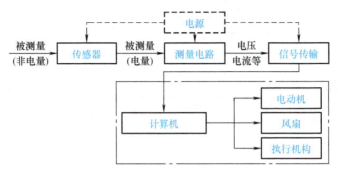

图 3-3 机电系统控制原理框图

3.2 速度传感器

常用的速度传感器有测速发电机、光电式转速传感器、霍尔测速传感器及磁电式转速传感器等,在这里主要介绍测速发电机、光电式转速传感器和磁电式转速传感器的工作原理及应用。

3.2.1 测速发电机

测速发电机是利用发电机的原理,测量机电设备旋转速度的传感器。直流测速发电机工作原理如图3-4所示。

当位于磁场中的转子线圈随机械设备以转速 v 旋转时,因切割磁力线,在线圈两端将产生空载感应电动势 E_0,根据法拉第定律:

$$E_0 = C_e \Phi_0 v \tag{3-1}$$

式中,C_e 为电动势常数;Φ_0 为磁通。

由式(3-1)可知,感应电动势 E_0 与转速 v 成正比,因此通过测量 E_0 大小便可得出转速。通常测速发电机与伺服电动机主轴相连,可作伺服电动机的速度反馈。

测速发电机分为电磁式(定子有两组在空间互成90°的绕组)和永磁式两种,常用永磁式。

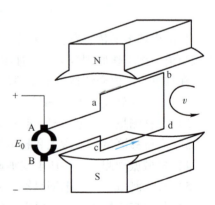

图 3-4 直流测速发电机工作原理

3.2.2 光电式转速传感器

光电式转速传感器是以光电效应为基础,将光信号转化成电信号的一种传感器。这种传感器具有结构简单、非接触、高可靠性、高精度和响应快的优点。光电效应具体可分为以下几种:

(1) 外光电效应

在光线照射下,使电子从物体表面逸出的现象称为外光电效应。具体光敏器件有光电管和光电倍增管等。

（2）内光电效应

在光线照射下，使物体的电阻率发生改变的现象称为内光电效应。具体光敏器件有光敏电阻。

（3）光生伏特效应

在光线照射下，使物体产生一定方向的电动势的现象称为光生伏特效应。具体光敏器件有光电二极管和光电晶体管、光电池等。

如图3-5所示，当光线照射在集电结上时，集电结附近会产生光生电子-空穴对，从而形成基极光电流，从而使晶体管导通。

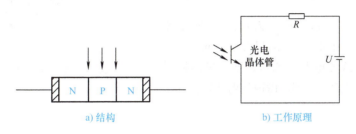

图3-5 光电晶体管的结构和工作原理

1. 结构组成

光电式转速传感器由旋转圆盘和光电开关构成，图3-6所示为透射式光电开关和反射式光电开关的基本结构。透射式光电开关的发光元件和接收元件（光敏器件）光轴重合，从而形成对射。当有不透明物体经过时，接收元件会接收不到发光元件的光，这样便可检测是否有物体经过。

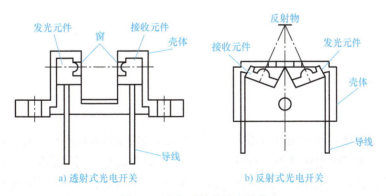

图3-6 光电开关的基本结构

反射式光电开关的发光元件和接收元件光轴在同一平面，且以某一角度相交于被测物体，当有物体经过时，接收元件接收到从被测物体反射的光，没有物体时则接收不到。

2. 工作原理

如图3-7所示，为了精确测量机电设备的运转速度，通常在机电设备的转轴3上安装带孔的圆盘2，将对射式光电开关（见图3-8）安装在圆盘2的边缘，保证对射式光电开关的光路和圆盘的孔在一条直线上。这样可以保证运动设备在旋转时，圆盘随着转轴一起转动。当光源发出的光通过带有小孔的圆盘时，光可透过圆盘上的孔照射到光敏器件一侧。在圆盘被转轴带动一起旋转时，由于圆盘上的小孔间隙和不透光部分间隙相等，所以圆盘每转一周，光敏器件便输出与圆盘小孔数相等的脉冲，根据测得的脉冲数可计算出转速 n：

$$n = 60\frac{N}{zt} \quad (3-2)$$

式中，n 为转速（r/min）；N 为计数器所计脉冲数；z 为圆盘小孔数；t 为测量时间（min）。

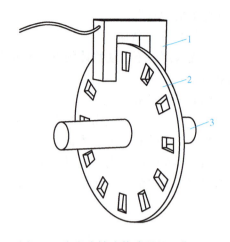

图 3-7　光电式转速传感器的工作原理
1—对射式光电开关　2—圆盘　3—机电设备转轴

若采用反射式光电开关测量转速，只需将圆盘小孔用反光标签盖上，即可做成反射式转速计。

图 3-8　对射式光电开关实物图

3.2.3　磁电式转速传感器

1. 工作原理

磁电式转速传感器是利用电磁感应原理将机电设备转速转换成电信号的一种传感器。由于该传感器不需要辅助电源就能把被测对象的运动量转换成易于测量的电信号，而且具有输出功率大、稳定性好、工作频率范围宽（10~1000Hz）等优点，所以得到普遍应用。

如图 3-9 所示，磁电式转速传感器由永久磁铁、感应线圈和磁轮等组成。在测量转速时，将磁轮安装在被测转轴上，确保测得的转速与设备转速一致。

当转轴旋转时，磁轮的凸凹齿形将引起磁轮与永久磁铁间气隙大小的变化，从而使永久磁铁组成的磁路中磁通量发生变化，进而感应线圈感应脉冲电动势，其频率为

$$f = zn \quad (3-3)$$

根据测得的脉冲频率 f（磁轮的齿数（z）是已知的），可很方便地得出被测对象的转速 n。

2. 应用举例

在实际使用安装过程中，需要注意以下几个问题：

1）磁轮与传感器的安装距离应为 0.5～1.2mm，如图 3-10a 所示。因为距离太远可能会造成漏磁严重，检测不到脉冲数的变化。

2）传感器应与磁轮转轴垂直成 90°，并且与磁轮中心对齐，如图 3-10b 所示。

安装效果如图 3-11 所示。

根据磁电式转速传感器的工作原理可知，当传感器的感应线圈匝数、安装间隙大小以及永久磁铁的磁场强度一

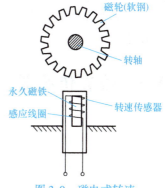

图 3-9 磁电式转速传感器工作原理图

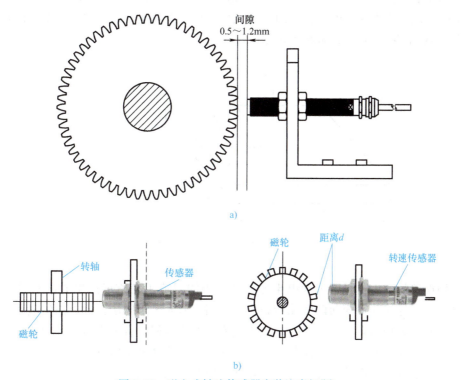

图 3-10 磁电式转速传感器安装注意问题

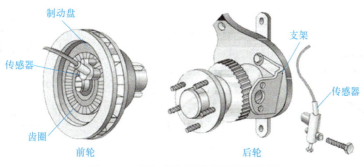

图 3-11 磁电式转速传感器安装效果

定时，传感器输出的脉冲电动势的幅值大小就仅取决于转轴转速。如果被测量的转速过低，通常需要在输出信号前进行放大处理，不至于使输出脉冲电动势的幅值过小而无法被测量出来。

3.3 位置传感器

3.3.1 霍尔位置传感器

1. 霍尔效应及霍尔元件

如图 3-12 所示，在一块通电的半导体薄片上，加上和薄片表面垂直的磁场 B，在薄片的横向两侧会出现一个电压，如图 3-12 中的 U_H，这种现象就是霍尔效应，是由科学家霍尔在 1879 年发现的。U_H 被称为霍尔电压。

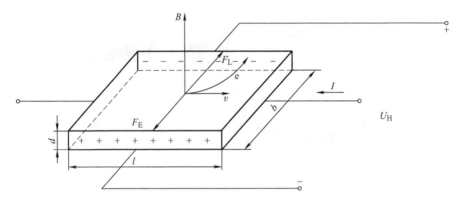

图 3-12 霍尔效应原理图

这种现象的产生，是因为通电半导体薄片中的载流子在磁场产生的洛仑兹力的作用下，分别向半导体薄片横向两侧偏转和积聚，因而形成一个电场，称作霍尔电场。霍尔电场产生的电场力和洛仑兹力相反，它阻碍载流子继续堆积，直到霍尔电场力和洛仑兹力相等。这时，半导体薄片两侧建立起一个稳定的电压，这就是霍尔电压。

利用霍尔效应工作的元件称为霍尔元件，如图 3-13 所示。

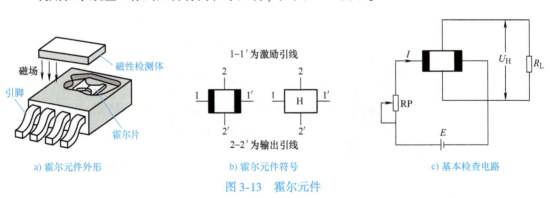

a) 霍尔元件外形　　b) 霍尔元件符号　　c) 基本检查电路

图 3-13 霍尔元件

2. 应用实例

(1) 霍尔翼片开关

霍尔翼片开关的内部结构和工作原理示意图如图3-14所示，当翼片未进入工作气隙时，霍尔开关电路处于导通态。翼片进入工作气隙后，遮断磁力线，使霍尔开关电路变成截止态，它的状态转变位置非常精确，在125℃以内位置重复精度可达50nm。将齿轮形翼片与轴相连，用在汽车点火器中作为点火开关，可得到准确的点火时间，使汽缸中的汽油充分燃烧，既可节约燃料，又能降低车辆排放的尾气污染，已在许多名车中使用。将其用在工业自动控制系统中，可用作转速传感器、位置开关、限位开关、轴编码器、码盘扫描器等。

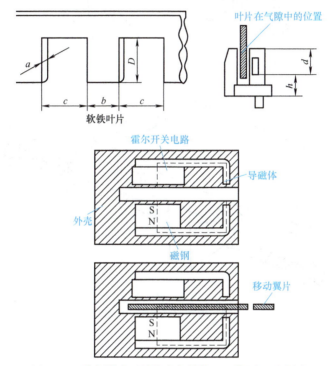

图3-14 霍尔翼片开关的内部结构和工作原理示意图

(2) 行程控制

如图3-15a所示，机械手旋转角度由霍尔元件H_1和H_2的安装位置决定。霍尔开关安装在固定位置，在机械手上贴有小磁铁，当机械手臂摆动到霍尔开关位置时，霍尔开关检测到信号，通过反馈可控制机械手精确定位。

如图3-15b所示，数控机床的工作台在丝杆的传动作用下可左右水平运动。霍尔元件安装在丝杆极限行程位置，小磁铁贴在工作台上，当工作台水平运动到霍尔开关位置时，霍尔开关检测到信号，通过反馈可控制工作台精确定位。

3.3.2 光电位置传感器

1. 工作原理

光电位置传感器（也称光电开关）在工业上的应用可归纳为吸收式、遮光式、反射式、辐射式四种基本形式。利用晶体管的开关作用可以产生光电脉冲信号，用于位置检测、工件计数或转动物体速度测量等，在这里主要介绍位置检测。图 3-16 所示为四种形式光电开关的测量原理。光电开关的符号及工作原理如图 3-17 所示。

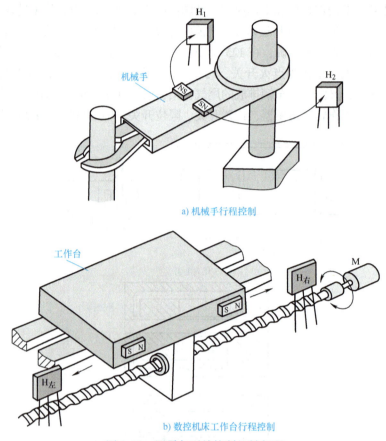

a) 机械手行程控制

b) 数控机床工作台行程控制

图 3-15 用霍尔开关控制机械行程

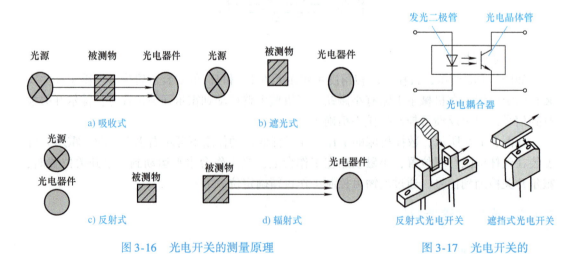

a) 吸收式　　b) 遮光式

c) 反射式　　d) 辐射式

图 3-16 光电开关的测量原理

图 3-17 光电开关的符号及工作原理

2. 应用举例

由于光电开关价廉物美、体积小、性能可靠，故被广泛应用于自动控制系统、生产流水线、安全警戒装置和家用电器中。例如，检测生产流水线上的不同产品高度、工件位置、是否有料等，安全防盗报警，带材对中控制等。其应用举例如图 3-18 所示。

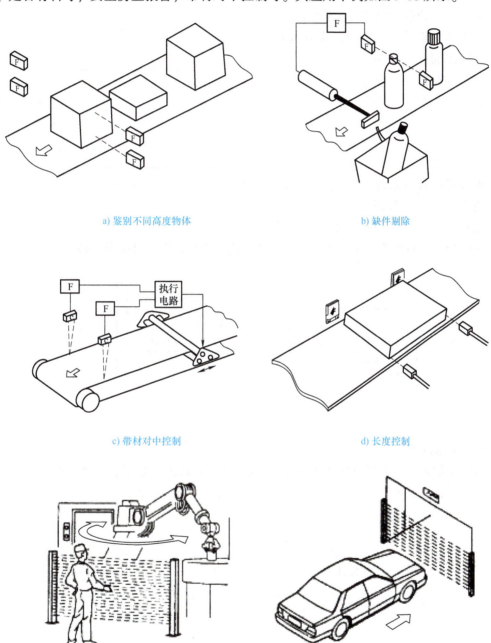

a) 鉴别不同高度物体　　　　　　　　b) 缺件剔除

c) 带材对中控制　　　　　　　　　　d) 长度控制

e) 机器人工作区安全检测　　　　　　f) 车库门车辆通过检测

图 3-18　光电开关的应用举例

3.3.3 电涡流式位置传感器

1. 工作原理

电涡流式位置传感器的工作原理如图 3-19 所示。检测用敏感元件为检测线圈,当金属物体接近检测线圈时,金属物体就会产生涡流而吸收振荡能量,使振荡减弱以至停振。振荡与停振这两种状态经检测电路转换成开关信号输出。

2. 应用举例

(1) 位移测量

电涡流位移测量原理如图 3-20 所示,电涡流式位置传感器固定在一处,被测试件(简称试件)水平移动,根据电涡流效应,试件与传感器距离越近,传感器感应的电流越明显,由此可得出位移的多少。

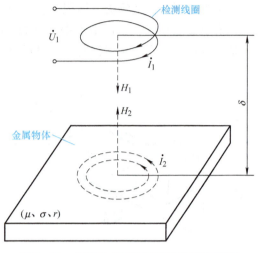

图 3-19 电涡流式位置传感器的工作原理

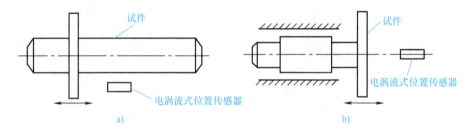

图 3-20 电涡流位移测量原理

(2) 振动测量

电涡流振动测量原理如图 3-21 所示,试件绕轴心转动,如果转动轴不在中心点会引起试件振动,这时电涡流式位置传感器的感应电流也随振动而改变。

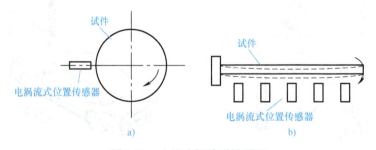

图 3-21 电涡流振动测量原理

(3) 厚度测量

测量金属板厚度的高频反射式电涡流测厚仪测量原理如图 3-22 所示,图 3-22a 所示为单探头测厚，图 3-22b 所示为双探头测厚，其基本原理都是电涡流效应，探头的感应电流与被测金属板距离成反比。

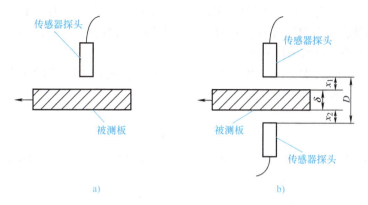

图 3-22　高频反射式电涡流测厚仪测量原理

3.4　位移传感器

3.4.1　光电编码器

1. 光电编码器结构及工作原理

光电编码器又称手轮脉冲发生器，简称手轮，是一种通过光电转换将输出轴的机械几何位移量转换为脉冲或数字量的传感器，主要应用于各种数控设备，是目前应用最多的一种传感器。

图 3-23 所示是光电编码器的基本结构。光电编码器主要由码盘（又称光栅盘）和光

图 3-23　光电编码器的基本结构
1—轴　2—码盘　3—光源　4—光栅屏蔽　5—光电接收单元

电检测装置构成,在伺服系统中,码盘与电动机同轴,电动机转轴带动码盘旋转,当光源将光投射在码盘上时,转动码盘,通过亮区的光线经窄缝后,由光敏器件接收。光敏器件的排列与码道一一对应,对应于亮区和暗区的光敏器件输出的信号,前者为"1",后者为"0"。当码盘旋至不同位置时,光敏器件输出信号的组合,反映出按一定规律编码的数字量,代表了码盘轴的角位移大小。

光电编码器的码盘输出两个相位差为90°的光码,根据双通道输出光码的状态的改变,便可判断出电动机的旋转方向。

2. 光电编码器的分类

光电编码器的主要工作原理为光电转换,根据原理的不同可分为增量式、绝对式和混合增量式,在这里主要介绍前两种:

(1) 增量式光电编码器

增量式光电编码器的外观及结构如图3-24所示。它的优点是结构简单、机械平均寿命长(可在几万小时以上)、抗干扰能力强、可靠性高,适合于长距离传输。其缺点是无法输出轴转动的绝对位置信息,编码器掉电就会丢失计数器的值。

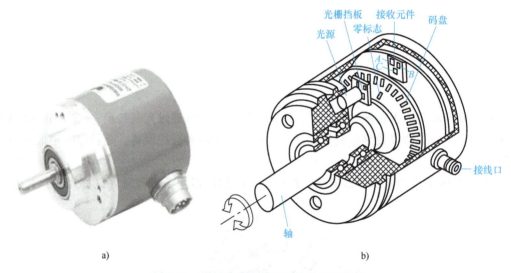

图3-24 增量式光电编码器的外观及结构

增量式光电编码器直接利用光电转换原理输出三组方波脉冲A相、B相和Z相;A、B两相脉冲相位差为90°,从而可方便地判断出旋转方向;Z相为每转一个脉冲,用于基准点定位。Z相脉冲不能直接作为数码输出,必须用计数器对Z相脉冲进行累加,通过计算计数器值的大小判断转过的角度。其输出信号波形如图3-25所示。

(2) 绝对式光电编码器

绝对式光电编码器的原理及组成部件与增量式光电编码器基本相同,与增量式光电编码器不同的是,绝对式光电编码器用不同的数码来指示不同的增量位置,是一种直接输出数字量的传感器。

在绝对式光电编码器的码盘上存在有若干同心码道,每条码道由透光和不透光的

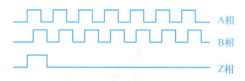

图 3-25 增量式光电编码器的输出信号波形

扇形区间交叉构成，码道数就是其所在码盘的二进制数码位数，码盘的两侧分别是光源和光敏器件，码盘位置的不同会导致光敏器件受光情况不同，进而使输出二进制数不同，因此可通过输出二进制数来判断码盘位置。二进制码盘和格雷码码盘如图 3-26 所示。

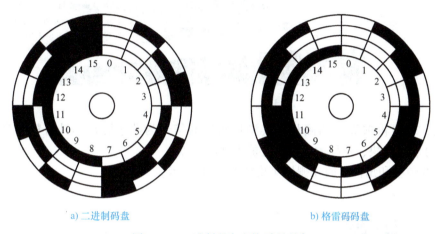

a) 二进制码盘　　　　　　　　　b) 格雷码码盘

图 3-26　二进制码盘和格雷码码盘

绝对式光电编码器是利用自然二进制或循环二进制（格雷码）方式进行光电转换的。绝对式光电编码器与增量式光电编码器的不同之处在于码盘上透光、不透光的线条图形，绝对式光电编码器可有若干编码，根据码盘上的编码，检测绝对位置。编码的设计可采用二进制码、循环码、二进制补码等。它的特点是：可以直接读出角度坐标的绝对值；没有累积误差；电源切除后位置信息不会丢失。但是，分辨率是由二进制的位数来决定的，也就是说精度取决于位数，目前有 10 位、14 位等多种。

3. 光电编码器的应用

光电编码器是一种角度（角位移）检测装置，在机器人与数控机床的伺服控制系统中，光电编码器被广泛应用于旋转位移量的测量与反馈，也可以用于测量电机转速。

光电编码器被广泛应用于数控机床（见图 3-27）、回转台、伺服传动、机器人、雷达、军事目标测定等需要检测角度的装置和场合。

3.4.2　光栅尺

光栅尺是一种光电测量传感器，基于莫尔干涉条纹的原理制成，被广泛应用于机床直线位移和角位移的测量，同时也可以应用于与位移相关的物理量（如速度、加速度、振

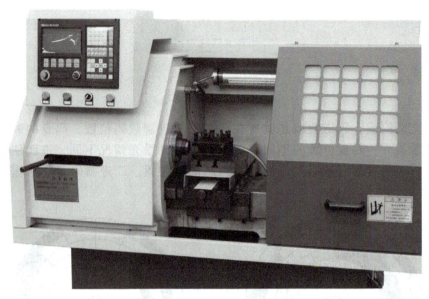

图 3-27　光电编码器在数控机床中的应用

动、质量、表面轮廓等）的测量。其测量输出的信号为数字脉冲，具有精度高（可达 $1\mu m$ 以上）、响应快、量程大、抗干扰能力强的特点。

测量线位移和角位移的光栅尺实物如图 3-28 所示。

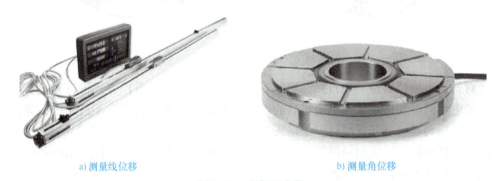

a) 测量线位移　　　　　　　　　　b) 测量角位移

图 3-28　光栅尺实物

1. 光栅尺的结构

光栅是在透明的玻璃上刻有大量相互平行、等宽而又等间距的刻线。每条刻线处是不透光的，而两刻线之间是透光的。图 3-29 所示为一块黑白型长光栅，平行等距的刻线称为栅线。设其中不透光的缝隙宽度为 a，透光的缝隙宽度为 b，一般情况下，$a=b$。图中 $W=a+b$ 称为光栅栅距（或光栅节距、光栅常数），它是光栅的一个重要参数。

2. 光栅尺的工作原理

（1）位移的放大作用

当光栅移动一个光栅栅距 W 时，莫尔条纹也跟着移动一个条纹宽度 B_H，如果光栅反向移动，条纹移动方向也反向。莫尔条纹的间距 B_H 与两光栅线纹夹角 θ 之间的关系为

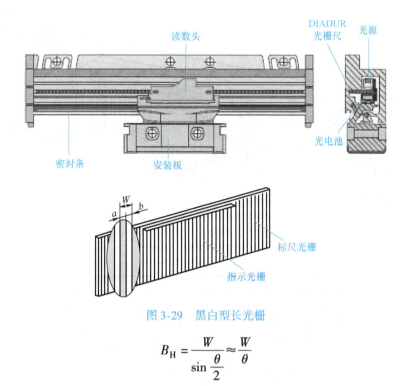

图 3-29 黑白型长光栅

$$B_H = \frac{W}{\sin\frac{\theta}{2}} \approx \frac{W}{\theta}$$

式中，θ 越小，B_H 越大，这相当于把栅距 W 放大了 $1/\theta$ 倍。例如，$\theta = 0.1°$，则 $1/\theta \approx 573$，即莫尔条纹宽度 B_H 是栅距 W 的 573 倍，这相当于把栅距放大了 573 倍，说明光栅具有位移放大作用，从而提高了测量的灵敏度。

（2）误差的平均效应

莫尔条纹由光栅的大量刻线形成，对线纹的刻划误差有平均抵消作用，能在很大程度上消除短周期误差的影响。

3. 光栅尺的应用

光栅尺具有测量精度高（分辨率为 0.1μm）、动态测量范围广（0～1000mm）、可进行无接触测量、容易实现系统的自动化和数字化等特点。

光栅尺在机械工业中得到了广泛的应用，特别是在量具、数控机床的闭环反馈控制、工作母机的坐标测量等方面。

3.4.3 其他位移传感器

1. 直线型感应同步器

直线型感应同步器主要用在高精度数字显示系统或数控闭环系统中，用以检测角位移或线位移信号，如高精度伺服转台、雷达天线、精密数控机床以及高精度位置检测系统中。

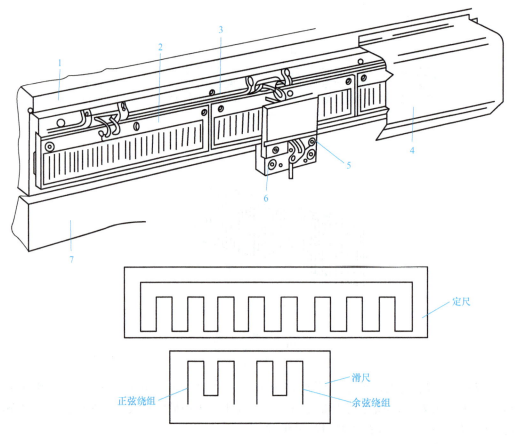

图 3-30 直线型感应同步器结构
1—机床不动部件 2—定尺 3—定尺座 4—防护罩
5—滑尺 6—滑尺座 7—机床可动部件

如图 3-30 所示，直线型感应同步器主要由定尺和滑尺组成，测量直线位移。利用两个平面形印刷绕组，其间保持均匀气隙做相对平行移动，根据交变磁场和互感原理而工作。

2. 磁栅位移传感器

（1）磁栅位移传感器的分类

磁栅位移传感器分为测量直线位移的和测量角位移的两种，几种常见磁栅位移传感器的结构如图 3-31 所示。

（2）磁栅位移传感器的工作原理

如图 3-32 所示，磁栅上录有等间距的磁信号，它是利用磁带录音的原理将一定波长的电信号（正弦波或矩形波）用录磁（即用录音磁头沿长度方向按一定波长记录一周期性信号，以剩磁的形式保留在磁尺上，这样磁尺上录上一定波长的磁信号）的方法记录在磁性尺子或圆盘上而制成的。

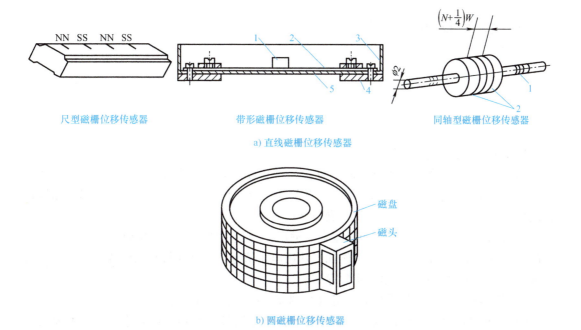

a) 直线磁栅位移传感器

b) 圆磁栅位移传感器

图 3-31 磁栅位移传感器结构
1—磁头 2—磁栅 3—屏蔽罩 4—基座 5—软垫

装有磁栅位移传感器的仪器或装置工作时，磁头相对于磁栅有一定的相对位置，在这个过程中，磁头把磁栅上的磁信号读出来，这样就把被测位置或位移转换成电信号。

（3）磁栅位移传感器的应用

磁栅位移传感器在龙门铣床中的应用如图 3-33 所示。

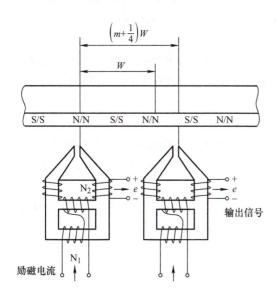

图 3-32 磁栅位移传感器的工作原理

图 3-33 龙门铣床专用磁栅尺

3.5 信号预处理技术

3.5.1 传感器信号的检出

1. 传感器输出信号的特点

1) 输出信号是模拟信号。
2) 信号一般较微弱,如电压信号为 μV~mV 级,电流信号为 nA~mA 级。
3) 传感器的内部噪声(如热噪声、散粒噪声等)使信号与噪声混合在一起,如传感器的信噪比较小,有用信号将淹没在噪声之中。
4) 传感器的输出信号动态范围很宽。输出信号随着物理量的变化而变化,但它们之间的关系不一定是线性比例关系。例如,热敏电阻值随温度变化按指数函数变化,输出信号大小会受温度的影响,有温度系数存在。
5) 传感器的输出信号受外界环境(如温度、电场)的干扰。
6) 传感器的输出阻抗比较高,这样会使传感器信号输入到测量电路时,产生较大信号衰减。

2. 传感器输出信号的检测电路

常用的检测电路有阻抗匹配器、电桥电路和放大电路。

(1) 阻抗匹配器

通常情况下传感器输出端阻抗都比较高,为减小信号的衰减,一般采用高输入阻抗、低输出阻抗的阻抗匹配器作为传感器输入到测量系统的前置电路。常用的阻抗匹配器有半导体管阻抗匹配器、场效应晶体管阻抗匹配器及运算放大器阻抗匹配器。

(2) 电桥电路

电桥电路在传感器检测电路中的应用非常广泛,利用电桥电路可以很方便地将传感器的输出变化转换成可测量的电压或电流信号,根据电桥供电电源的不同,电桥可分为直流电桥和交流电桥。

(3) 放大电路

传感器的输出信号一般都很微弱,因此通常情况下都需要将输出信号进行放大处理,为后续的检测电路提供标准的电压信号(0~5V)或者电流信号(4~20mA),这对检测系统起着至关重要的作用。

目前检测系统中的放大电路,除特殊情况外,一般都由运算放大器构成。图 3-34 所示为放大器基本电路。

3.5.2 输出信号的抗干扰

1. 干扰的类型与要素

影响传感器输出的外界感应干扰主要有以下几种:

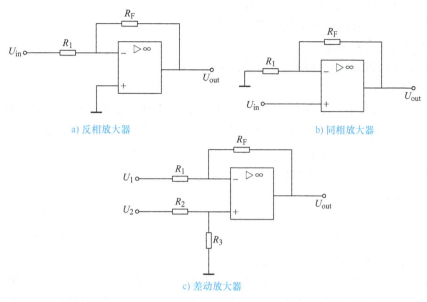

图 3-34 放大器基本电路

（1）静电感应干扰

静电感应是指由于两条支路（或元件）之间存在着寄生电容，使一条支路上的电荷通过寄生电容传送到另一条支路上去，有时候也被称为电容性耦合。

（2）电磁感应干扰

当两个电路之间有互感存在时，一个电路中电流的变化就会通过磁场耦合到另一个电路，这一现象称为电磁感应。这种情况在传感器使用的时候经常遇到，需要特别注意。

（3）漏电流感应干扰

由于电子线路内部的元件支架、接线柱、印制电路板、电容内部介质或外壳等绝缘不良，特别是传感器的应用环境湿度增大，导致绝缘体的绝缘电阻下降，这时漏电流会增加，由此引发干扰。尤其当漏电流流入测量电路的输入级时，其影响更为严重。

（4）射频干扰

主要是指大型动力设备的起动、操作、停止时产生的干扰以及高次谐波干扰。

（5）其他干扰

主要指的是因系统工作环境差而受到的机械干扰、热干扰和化学干扰等。

由以上概述可知，传感器的干扰来源主要有两种：一是由电路感应产生干扰；二是由外围设备以及通信线路的感应引入干扰。

2. 抗干扰的方法

（1）屏蔽技术

屏蔽技术是抑制通过"场"干扰的有效措施，正确的屏蔽可抑制干扰源（如变压器等）或阻止干扰进入测量装置内部。根据屏蔽的目的可以分为静电屏蔽、电磁屏蔽和磁屏蔽。

为了达到较好的静电屏蔽效果，应注意以下几个问题：

1）选用铜、铝等低电阻金属材料做屏蔽盒。

2）屏蔽盒要良好接地。

3）尽量缩短被屏蔽电路伸出屏蔽盒之外的导线长度。

(2) 接地技术

信号在传输过程中会受到电场、磁场和地阻抗等干扰因素的影响，采用接地屏蔽线可以减小电场的干扰。双绞线与同轴电缆相比，虽然频带较差，但波阻抗高，抗共模噪声能力强，能使各个小环节的电磁感应干扰相互抵消。另外，在远距离传输过程中，一般采用差分信号传输，可提高抗干扰性能。

(3) 隔离技术

1）隔离变压器。考虑到高频噪声通过变压器主要不是靠一、二次绕组的互感耦合，而是靠一、二次寄生电容耦合的，因此隔离变压器的一、二次侧之间均用屏蔽层隔离，减少其分布电容，以提高抵抗共模干扰能力。

2）光电耦合隔离措施。在远距离传输过程中，采用光电耦合器，可以切断控制系统与输入通道、输出通道以及伺服驱动器的输入、输出通道电路之间的联系。如果在电路中不采用光电隔离，外部的尖峰干扰信号会进入系统或直接进入伺服驱动装置，产生第一种干扰现象。

(4) 滤波技术

设置滤波器的作用是为了抑制干扰信号从变频器通过电源线传导干扰到电源及电动机。为减小电磁噪声和损耗，在变频器输出侧可设置输出滤波器。为减小对电源的干扰，可在变频器输入侧设置输入滤波器。若线路中有敏感电子设备，可在电源线上设置电源噪声滤波器，以免传导干扰。

本 章 小 结

本章主要介绍了传感器的基本概念、速度传感器、位置传感器、位移传感器和检测信号的后续处理方法。

1. 传感器的基本概念：主要介绍了传感器的定义、传感器的组成和传感器的分类。

2. 速度传感器：常用的速度传感器有测速发电机、光电式转速传感器、霍尔测速传感器及磁电式转速传感器等，本书主要介绍了测速发电机、光电式转速传感器和磁电式转速传感器的工作原理及应用。

3. 位置传感器：常用的位置传感器有霍尔位置传感器、光电位置传感器、电涡流式位置传感器，本书主要介绍了霍尔位置传感器、光电位置传感器、电涡流式位置传感器的工作原理及其应用。

4. 位移传感器：常用的位移传感器有光电编码器式传感器、光栅式传感器、磁栅位移传感器，本书主要介绍了光电编码器式传感器、光栅式传感器、磁栅位移传感器的工作原理及其应用。

5. 信号预处理技术：主要包括传感器信号的检出和输出信号的抗干扰。

习题与思考题

1. 什么是传感器检测？举例说明。
2. 构成传感器的三大组成部分是什么？各有什么作用？
3. 为什么霍尔位置传感器常用作无接触式测量机械位移的接近开关？基本原理是什么？
4. 简述透射式光电开关和反射式光电开关的工作原理。
5. 简述光电式转速传感器的工作原理。
6. 在一个连接在机床主轴的旋转圆盘上，贴有两个反射标签，当使用反射式光电开关来测量主轴转速时，30s内计数得2000个脉冲，问主轴转速是多少（r/min）？
7. 常用光栅尺来测量数控机床进给轴的位移，这是利用了指示光栅在随床身运动时，与主光栅产生了光干涉的莫尔条纹，而莫尔条纹有放大微小位移的作用，试简述其工作原理。
8. 增量式与绝对式光电编码盘，测量角位移有什么不同？绝对式光电编码盘为什么要用格雷码作编码？本章中，图3-22、图3-23各用了什么类型的编码器？为什么？
9. 增量式编码器的四倍频细分技术有什么作用？如果连在机床进给电动机同轴上的光电脉冲编码器选用了2500脉冲每转，电动机驱动丝杠轴螺距为10mm，求转角位置反馈精度。
10. 光栅的莫氏条纹有哪些特性？
11. 传感器前期信号处理电路有什么作用？常用电路有哪些？

第4章

伺服驱动技术

> **学习要求**
> 1. 了解伺服电动机的特点及常用的两种伺服电动机。
> 2. 理解伺服电动机的三种控制方式。
> 3. 理解交流同步伺服电动机的基本工作原理。
> 4. 了解交流同步伺服电动机驱动器的使用方法。
> 5. 理解步进电动机的工作原理。
> 6. 了解步进电动机驱动器的使用方法。

4.1 概述

4.1.1 伺服电动机的特点

在"电机与拖动"课程中,学习了电动机的基本用法,比如电动机的起动、停止、正转、反转、按指定速度档位运行等。但是如果需要比较精细的控制,如让电动机以指定转矩或转速运行,或让电动机以指定速度旋转一定角度,那前面的知识和技术就不够用了。在今天,很多机电一体化系统要求对电动机精确控制,如六轴工业机器手,需要同时精确控制6台电动机的转速和角位移以实现机器手的轨迹运动,任何一台电动机的转速和旋转角度出现偏差或者配合不同步,就无法实现一条完美的直线或圆弧。又比如铝箔或纸张卷机中,电动机的转矩要根据缠绕半径的变化实时更改以确保材质的受力不会随着缠绕半径的变化而改变。像这种需要根据指令信号进行位置、速度或转矩的高精度跟随控制的设备,就必须使用伺服电动机。

伺服(servo)是 servo Mechanism 一词的简写,来源于希腊,其含义是"奴隶",顾名思义,就是指系统跟随外部指令进行人们所期望的运动,而其中的运动要素包括位置、速度和力矩等物理量。伺服电动机就是指用在伺服系统中,能满足任务所要求的控制精度、快速响应性和抗干扰性的电动机。根据这个定义,只要满足控制要求的电动机都可称为伺服电动机。伺服使用的电动机中,交流电动机有感应电动机、永磁同步电动机,直流电动机有无铁心电动机、无刷直流电动机、步进电动机、直线电动机等。由于无刷直流电动机和交流永磁同步电动机的性能优越,已经成为伺服电动机的主流。

伺服电动机与一般电动机有很大的不同,完整的伺服电动机系统必须包括在电动机中安装的位置/速度传感器(如编码器)以及配套的伺服驱动器,只有这样伺服电动机才能正常使用,单纯地拿电动机部分来讨论是没有意义的。为了达到更好的伺服性能,厂家会将电动机和伺服驱动器在出厂前匹配到最佳状态,用户最好不要随意混搭。

伺服电动机及其驱动器(见图4-1)目前市场竞争激烈,高端市场基本上被国外品牌占领,比较知名的有日系的松下、三菱、安川,德系的西门子、博世、力士乐等。在中低端市场,国产品牌占有一席之地,比较知名的品牌有广州数控、南京埃斯顿、和利时电机等。

图4-1 伺服电动机及其驱动器

4.1.2 伺服电动机的三种控制方式

一个提供转动动力的系统,对于用户来说最关心的是该系统提供的转矩、转速和角位移,因此伺服电动机有三种控制方式:转矩控制方式、速度控制方式和位置控制方式。

1. 转矩控制方式

转矩控制方式是通过外部模拟量信号的输入或直接地址赋值来设定电动机转轴输出转矩的大小。转矩控制方式主要应用在对材质的受力有严格要求的缠绕和放卷的装置中,如绕线机、拉线机、铝箔放卷机,转矩的设定要根据缠绕半径的变化而随时更改,以确保材质受力不会随着缠绕半径的变化而改变。

2. 速度控制方式

速度控制方式是通过模拟量输入或脉冲频率进行转速的控制。输入信号越大或脉冲频率越高,转速越高,反之越低。速度控制方式应用在对转速有严格要求的装置中。

3. 位置控制方式

位置控制方式一般是通过外部输入的脉冲的频率来确定转速的大小,通过脉冲的个数来确定转动的角度，也有些伺服电动机可以通过通信方式直接对速度和位移进行赋值设置。由于位置控制方式可以对速度和位置都进行很严格的控制，所以一般应用于定位装置。应用领域如数控机床、印刷机械等。

4.1.3 步进电动机的伺服特点

除了伺服电动机，还有一种称为步进电动机的控制电动机。它通过脉冲信号控制转速和位置，一个脉冲信号转动一个固定的角度，通过控制脉冲数量控制转动角度，通过控制脉冲频率控制转速，因此步进电动机又称脉冲电动机。步进电动机脉冲控制的天然特性使它非常适合使用计算机（单片机、PLC、工控机等）进行控制。由于计算机容易精确地控制输出脉冲信号的频率和个数，所以对于步进电动机的开环控制就能够高精度地控制转速和旋转角度，达到一般的伺服要求。

4.2 交流永磁同步伺服电动机及交流伺服驱动器

4.2.1 交流永磁同步伺服电动机

要理解交流永磁同步伺服电动机的工作原理，第一，要理解交流永磁同步电动机的基本运行原理；第二，要理解伺服电动机的三闭环控制。

首先，通过一个简化的模型来了解交流永磁同步电动机的运行原理。如图4-2所示，交流永磁同步电动机由定子和转子两部分组成（实物见图4-3）。定子主要包括电枢铁心和三相对称电枢绕组（空间上互差120°电角度）；转子主要由永磁体、转子铁心和转轴构成。转子同轴连接有位置、速度传感器，用于检测转子磁极相对于定子绕组的相对位置以及转子转速。

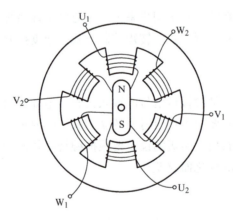

图4-2 交流永磁同步电动机简化模型

要完整地分析转子受力旋转情况，需要涉及复杂的电、磁、力关系，为了避免复杂的数学物理公式，这里只进行简单的定性分析。当U、V、W三绕组通过电流时，绕组铁心相当于3对（6块）电磁铁，其中同一相相对位置的磁极相反。图4-2中，当只有U相定子绕组通电时，转子磁铁的N、S极同时被U相绕组形成的电磁铁吸引产生转矩，转矩的大小与电流成正比并和转子与 U 相绕组互差角度有关,当互差角度为 90°时转矩最大,重合时转矩为 0,最终转子会被拉到 U_1U_2 同一条线的位置。当 U、V、W 三相绕组都通过电流时,转子磁铁受到的合转矩就是 6 块电磁铁共同作用的结果。根据矢量的合成原理,这个合转矩可以等效为一对磁铁所产生的转矩。也就是说,通过分别控制三组定子绕组的电流大小,可以使定子产生任意方向和大小的磁场。目前,矢量控制算法是交流永磁同步电动机中的高性能算法,其基本思想就是实时控制三相定子绕组的电流,使产生的磁场超前转子磁极 90°,从而实现高性能的运行。

图 4-3 交流永磁同步伺服电动机实物图

为了输出可控的三相绕组电流,使用图 4-4 所示的逆变电路。该电路主要由开关器件 V1~V6 和续流二极管 VD1~VD6 组成,控制系统检测转子位置和定子电流,然后根据算法使用 PWM 脉冲控制 V1~V6 的通断,得到需要的输出电流。

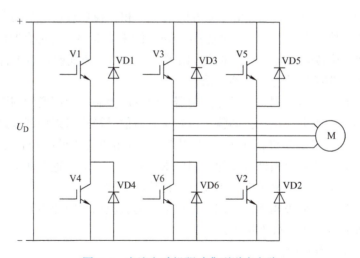

图 4-4 交流电动机驱动典型逆变电路

伺服系统为了对电动机的转速、角位移和转矩进行精确输出,需要对这三者进行反馈控制,组成如图 4-5 所示的三闭环控制。

最内环是电流环,此环完全在伺服驱动器内部进行,通过检测驱动器给电动机各相的输出电流,反馈给电流环的设定端进行 PID 调节,使输出电流等于设定电流。负载转矩瞬时发生变化时,通过传感器检测转子的位置和速度,根据转子永磁体磁场的位置,利用逆变器控制定子绕组中电流的大小、相位和频率,实现电动机转矩的负反馈控制。

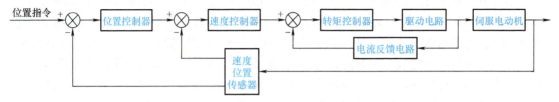

图 4-5　伺服电动机的三闭环控制

由于电流环直接控制电动机转矩，在转矩控制方式下驱动器的运算最少、动态响应最快。由于电流环处在最内环，故对速度和位置的控制最终必须使用电流环。

第二环是速度环，通过电动机编码器获取转速信号进行负反馈 PID 调节，速度控制器的输出就是电流环的设定。

第三环是位置环，它是最外环，位置控制器输出就是速度环的设定，位置控制方式下系统进行了三个环的运算，因此系统运算量最大、动态响应最慢。

由此可见，如果只使用电流环，只是一个转矩控制系统，无法控制电动机转速；使用电流环和速度环，可以实现速度的稳定控制，但无法控制电动机定位；使用三个环才可以组成稳定的位置随动定位系统。

4.2.2　交流伺服驱动器

随着全数字式伺服系统概念的提出，在控制接口和控制方式上形成了比较规范的模式。

在控制接口上，主要有"脉冲信号+方向信号"和"模拟量信号"两种。脉冲信号+方向信号可以方便地对速度和位置进行控制：脉冲频率控制速度，脉冲个数控制旋转的角位移；方向信号决定旋转的方向。模拟量信号则可以方便地对速度或转矩进行控制，通常被控速度和转矩与模拟控制信号成比例关系。

控制接口规范化之后，同一个运动控制器不但可以控制不同厂商的伺服电动机，还可以控制不同类型的伺服电动机，比如脉冲信号+方向信号模式可以控制步进电动机、交流伺服电动机和直流伺服电动机，甚至它们在同一个应用中使用的控制程序几乎都是相同的。采用哪种控制方式需要根据具体的应用要求来确定。通常步进电动机只使用速度控制和位置控制方式，伺服电动机可以使用任意一种控制方式。

下面以某型号交流伺服驱动器为例，介绍交流伺服驱动器的使用方法。

(1) 交流伺服驱动器的外部接线方法

驱动器接线端口有 6 种：

1) 电源输入接口。主电源单相或三相输入端为 L1、L2、L3。在选用 22V 单相电源的驱动器时，主电源端子只接 L1、L3 端子。

2) 电动机接口。U、V、W 为电动机输出电源接线端子，应连接到交流伺服电动机的 U、V、W 三相绕组端子，电动机接地端和驱动器接地端必须连接在一起，并可靠接地。

3) 制动电路接口。PB 和 P 为外接制动电阻接线端子，一般情况下，PB 和 P 端子悬空，不需要外接电阻。外接制动电阻阻值范围为 100～200Ω，功率为 100～500W，阻值越小，制动电流越大，所需制动电阻功率越大，制动能量越大，但阻值太小会造成驱动器损坏。

4) 旋转编码器输入端子（DB15），其具体功能见表4-1。
5) 数字/模拟信号输入端子（DB44），其具体功能见表4-2。
6) 四线制RS485通信端子（DB9），其具体功能见表4-3。

表4-1 旋转编码器输入端子（DB15）

管 脚	名 称	记 号	说 明
1	编码器A相输入	A+	编码器A相 "+" 信号输入
2		A−	编码器A相 "−" 信号输入
3	编码器B相输入	B+	编码器B相 "+" 信号输入
4		B−	编码器B相 "−" 信号输入
5	编码器Z相输入	Z+	编码器Z相 "+" 信号输入
6		Z−	编码器Z相 "−" 信号输入
7	编码器U相输入	U+	编码器辅助信号U "+" 信号输入
8		U−	编码器辅助信号U "−" 信号输入
9	编码器V相输入	V+	编码器辅助信号V "+" 信号输入
10		V−	编码器辅助信号V "−" 信号输入
11	编码器W相输入	W+	编码器辅助信号W "+" 信号输入
12		W−	编码器辅助信号W "−" 信号输入
13	5V电源	5V	+5V电源供电端
14	5V地	GND	+5V电源参考地，也作PT100负端
15	RT1	RT1	PT100温度传感器正端输入端，负端接地。温度传感器可以接在此处，也可以接在模拟信号输入/输出端口

表4-2 数字/模拟信号输入端子（DB44）

信号类型	编 号	端子名称	记 号	说 明
数字量输入	25	数字地	GND	驱动器数字地
	30	24V输出	+24V	内部提供24V供电电源，可用作数字输入、输出电路的供电电源。负载电流不得超过100mA
	29	输入共阳极	COM+	数字输入端口共阳极，用来驱动输入隔离光耦的正极，DC12~24V，电流≤100mA
	11	伺服使能	Servo	伺服使能输入端子：Servo ON/OFF Servo ON：允许驱动器工作 Servo OFF：驱动器关闭，停止工作。有自锁信号时，电动机处于自锁状态
	12	可编程数字输入端口	IN1	可编程数字输入端口，具体功能可单独设置。接口电路和可选功能见用户手册
	13		IN2	
	14		IN3	
	15		IN4	
	27		IN5	
	28		IN6	

（续）

信号类型	编号	端子名称	记号	说　　明
数字输出	41	可编程数字输出端口	OUT1	可编程数字输出端口，具体输出信号可单独设置。接口电路和可选功能见用户手册 OUT1、OUT2 最大负载电流 100mA，最高电压 24V OUT3、OUT4 最大负载电流 30mA，最高电压 30V
	42		OUT2	
	43		OUT3	
	44		OUT4	
	26	输出共阴极	COM −	数字输出端口共阴极
	25	数字地	GND	驱动器数字地
模拟量输入输出	9	10V 输出	+10V	内部 10V 模拟电路供电电源，负载不应超过 100mA
	37	模拟地差分双端双极性输入	GNDA	驱动器模拟地
	7		AIN +	差分双端、双极性模拟电压输入 双端差分连接时，输入电压范围：−5 ~ 5V 一端接地时，输入电压范围：−10 ~ 10V
	8		AIN −	
	21	单极性输入	AVINS	单极性模拟电压输入，参考点为 GNDA 输入电压范围：0 ~ 10V
	6	模拟电压输出	DAOUT	模拟电压输出，参考点为 GNDA 输出电压范围：−10 ~ 10V 输出信号可根据需要在参数中设置
	24	PT100	PT100a	电动机温度传感器输入端，无极性 若电动机温度传感器已经通过编码器接口接入，则这两引脚不接。电动机温度传感器型号为 PT100 若电动机未安装温度传感器，则必须在两引脚间接入一个 100Ω 左右、1/4 W 的电阻，否则驱动器会认为电动机温度过热
	36	模拟地	PT100b（GNDA）	
编码器信号输出	3	编码器 A 相输出	OA +	分频后的编码器 A 相"+"信号输出
	4		OA −	分频后的编码器 A 相"−"信号输出
	19	编码器 B 相输出	OB +	分频后的编码器 B 相"+"信号输出
	18		OB −	分频后的编码器 B 相"−"信号输出
	1	编码器 Z 相输出	OZ +	编码器 Z 相"+"信号输出
	2		OZ −	编码器 Z 相"−"信号输出
	5	Z 相集电极输出	CZ	编码器 Z 相集电极输出
	20	信号地	GND	编码器信号地

(续)

信号类型	编号	端子名称	记号	说明			
编码器位置控制信号输入	32	位置脉冲A相信号输入	PULSE +	驱动器可以接收四种不同的指令脉冲：			
	31		PPULSE −	指令种类	对应引脚关系		
						正转	反转
	34	位置脉冲B相或方向信号	DIR +	脉冲 + 脉冲		PULSE+ / PULSE− / DIR+ / DIR−	
				脉冲 + 方向		PULSE+ / PULSE− / DIR+ / DIR−	
	33		DIR −	脉冲 − 方向		PULSE+ / PULSE− / DIR+ / DIR−	
				A + B 脉冲		PULSE+ / PULSE− / DIR+ / DIR−	
误差清零信号	17		CLR +	用户误差清零信号输入 +			
	16		CLR −	用户误差清零信号输入 −			

表 4-3 四线制 RS485 通信端子（DB9）

引脚	名称/符号	定义
1	RX +	信号接收 +
4	RX −	信号接收 −
5	GND	地
6	TX +	信号发送 +
8	TX −	信号发送 −

（2）不同控制方式的接线

1）位置控制方式的外部接线图如图 4-6 所示。

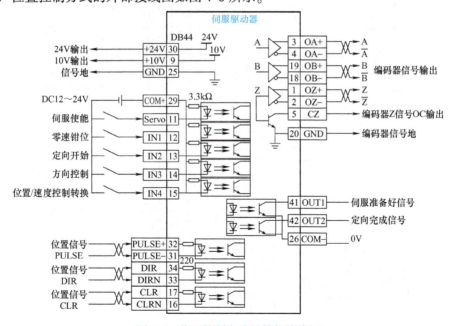

图 4-6 位置控制方式的外部接线图

2）速度控制方式的外部接线图如图 4-7 所示。

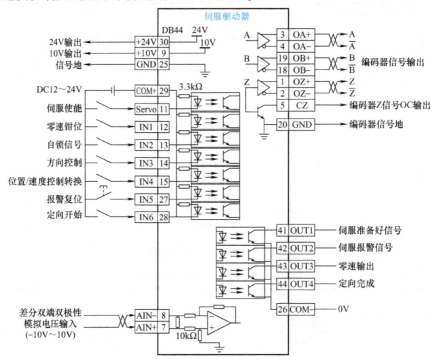

图 4-7　速度控制方式的外部接线图

3）转矩控制方式的外部接线图如图 4-8 所示。

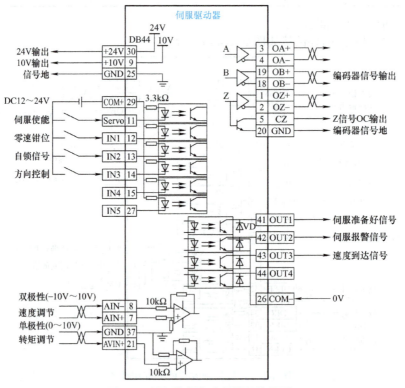

图 4-8　转矩控制方式的外部接线图

4.3 步进电动机及其驱动器

4.3.1 步进电动机的结构和工作原理

步进电动机是一种用电脉冲控制运转的电动机，输入一个电脉冲，电动机旋转一个固定的角度，输入频率越高，转速越快，改变脉冲顺序可改变转动方向，因此步进电动机又被称为脉冲电动机。每一个脉冲对应的旋转角度称为步距角，其精度是固定的，跟制造工艺有关，不会产生累积误差。

步进电动机在构造上有三种主要类型：反应式、永磁式和混合式。

(1) 反应式

定子上有绕组，转子由软磁材料制成。其特点是结构简单、成本低、步距角小（可达1.2°），但动态性能差、效率低、发热大，可靠性难以保证。

(2) 永磁式

永磁式步进电动机的转子用永磁材料制成，转子的极数与定子的极数相同。其特点是动态性能好、输出转矩大，但这种电动机精度差，步距角大（一般为7.5°或15°）。

(3) 混合式

混合式步进电动机综合了反应式步进电动机和永磁式步进电动机的优点，其定子上有多相绕组、转子上采用永磁材料，转子和定子上均有多个小齿以提高步距精度。其特点是输出转矩大、动态性能好、步距角小，但结构复杂，成本相对较高。

按定子上绕组来分，混合式步进电动机可分为二相、三相和五相等系列。最受欢迎的是两相混合式步进电动机，约占97%以上的市场份额，其原因是性价比高，配上细分驱动器后效果良好。该种电动机的基本步矩角为1.8°，配上细分驱动器后其步矩角可细分到1/256（0.007°）。

图4-9所示为两相步进电动机的工作原理。步进电动机是按照一定的步进顺序工作的：在第1步中，两相定子中的A相被通电，因异性相吸，其磁场将转子固定在图4-9a所示位置；在第2步中，A相关闭、B相被通电，转子顺时针旋转90°；在第3步中，B相关闭、A相被通电，但其极性与第1步相反，这促使转子再次顺时针旋转90°；在第4步中，A相关闭、B相通电，但其极性与第2步相反。如此，重复该顺序使转子按90°的步距角顺时针旋转。如果按照相反的顺序通电，显然步进电动机将逆时针旋转。

图4-9中显示的步进顺序称为"单相通电"步进。更常用的步进方法是"双相通电"，即电动机的两相一直通电，但是一次只能转换一相的极性。两相步进时，转子与定子两相之间的轴线重叠。由于两相一直通电，该方法比"单相通电"步进多提供了41.1%的转矩，但输入功率多1倍。

步进电动机的驱动技术已经成熟，目前广泛采用了数字细分驱动技术。采用细分的优点是：

1) 完全消除了电动机的低频振荡。低频振荡是步进电动机的固有特性，而细分是消除它的唯一途径。

2) 提高了电动机的输出转矩。尤其是对三相反应式电动机，其转矩比不细分时提高30%~40%。

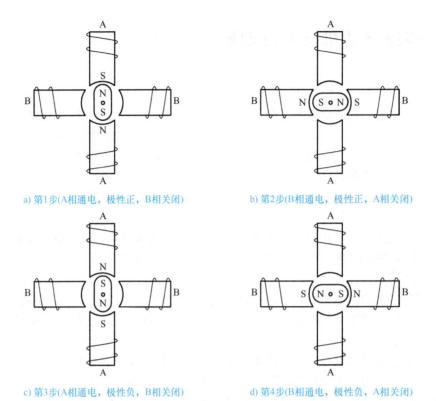

图 4-9 两相步进电动机工作原理

3）提高了电动机的分辨率。由于减小步距角提高了步距的均匀度，所以提高了电动机的分辨率。

数字细分驱动器的结构原理框图如图 4-10 所示。图中，可编程量化正余弦波形发生器的功能是产生驱动电流波形的信号；在此信号作用下，驱动器可输出图 4-11 所示的两相步进电动机系统细分电流波形。

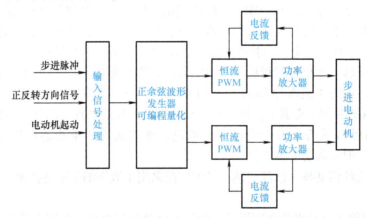

图 4-10 数字细分驱动器的结构原理框图

由图 4-11 可见，通过一相绕组电流逐渐增大，另一相绕组电流逐渐减小，可以使两相步进电动机转子齿相对定子磁极上齿的位移得到细分。也就是说，在细分电流波形作用下，两相步进电动机的转子不一定就从定子磁极一个齿的对应位置转到下一个齿的对应位置，而是将这一大步分成若干个小步，逐步完成，这样步进电动机的步距角就得到了细分。

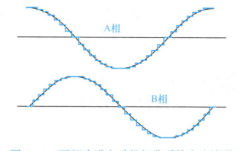

图4-11　两相步进电动机细分系统电流波形

4.3.2　步进电动机驱动器的使用

步进电动机和步进电动机驱动器构成步进电动机驱动系统，系统的性能不但取决于步进电动机自身的性能，也取决于步进电动机驱动器性能的优劣。如果对性能要求不高，可以使用功率放大器件设计的简单电流放大电路实现。

下面以某步进电动机驱动器产品为例，介绍两相步进电动机驱动器的性能特点和使用方法。

（1）主要性能特点

1）输入电源电压范围：DC 24～50V，具有过电压保护、过电流保护等功能。

2）采用纯正弦波电流控制技术，电动机运行噪声低、发热量小。

3）光隔离差分信号输入，与TTL信号兼容；输入信号有步进脉冲控制信号、电动机旋转方向的控制信号及停机信号；脉冲频率可达360kHz。

4）电流大小采用3位拨码开关（SW1～SW3）设定，最大驱动电流5.6A/相（峰值）；电动机静止时有自动半流功能。

5）4位拨码开关调节步进细分数，细分数最高可达128。

（2）使用方法

1）输入电源电压（DC 24～60V）接驱动器的DC+和DC-端。

2）驱动器与步进电动机接线方法如图4-12所示。驱动器接线端子A+、A-、B+、B-与步进电动机的A相和B相绕组有串联和并联两种接法。

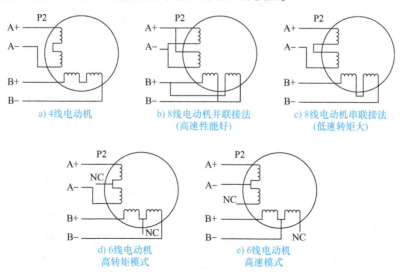

图4-12　驱动器与步进电动机接线方法

3）控制器与驱动器接线方法如图4-13所示。接线方法有共阴极和共阳极两种。

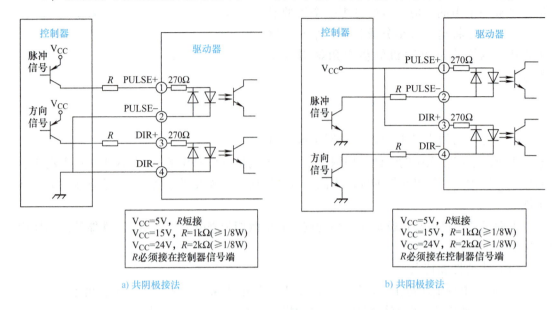

图4-13 控制器与驱动器的接线方法

4）驱动器输出电流可通过拨码开关SW1、SW2和SW3来设置，见表4-4，电流调节范围为1.5～5.6A。

表4-4 驱动器输出电流设置

输出电流值/A	SW1	SW2	SW3
1.5	OFF	OFF	OFF
2.1	ON	OFF	OFF
2.7	OFF	ON	OFF
3.3	ON	ON	OFF
3.9	OFF	OFF	ON
4.5	ON	OFF	ON
5.1	OFF	ON	ON
5.6	ON	ON	ON

5）通过拨码开关SW5、SW6、SW7和SW8来调节驱动器输出脉冲电流细分数，共14个档位，见表4-5。

表4-5 脉冲电流细分数设置

细分数	步数/转	SW5	SW6	SW7	SW8
1	200	OFF	OFF	OFF	OFF
2	400	ON	ON	ON	ON
4	800	ON	OFF	ON	ON
8	1600	ON	OFF	OFF	ON

(续)

细分数	步数/转	SW5	SW6	SW7	SW8
16	3200	OFF	ON	ON	ON
32	6400	OFF	ON	OFF	ON
64	12800	OFF	OFF	ON	ON
128	25600	OFF	OFF	OFF	ON
5	1000	ON	ON	ON	OFF
10	2000	ON	ON	OFF	OFF
20	4000	ON	OFF	ON	OFF
25	5000	ON	OFF	OFF	OFF
50	10000	OFF	ON	ON	OFF
100	20000	OFF	ON	OFF	OFF

4.3.3 步进电动机的技术指标

步进电动机的技术指标是选型的重要依据。

(1) 步距角

每输入一个电脉冲，转子转过的角度称为步距角。步距角的大小会直接影响步进电动机的起动和运行频率，步距角小的步进电动机一般起动和运行频率较高。

(2) 步距角精度

步进电动机每转过一个步距角的实际值与理论值的误差称为步距角精度。

(3) 最大空载起动频率

步进电动机在某种驱动形式、电压及额定电流下，空载能够直接起动的最大频率。

(4) 最大空载运行频率

步进电动机在某种驱动形式、电压及额定电流下，空载的最高转速频率。

(5) 运行矩频特性

步进电动机在某种测试条件下测得的运行输出转矩与频率关系的曲线称为运行矩频特性，这是步进电动机动态曲线中最重要的，也是电动机选型的根本依据。矩频特性相当于直流电动机或交流电动机中的机械特性。

本 章 小 结

1. 伺服电动机是指用在伺服系统中，能满足任务所要求的控制精度、快速响应性和抗干扰性的电动机。伺服电动机的主流主要有无刷直流电动机和交流永磁同步电动机。

2. 伺服电动机有转矩控制、速度控制、位置控制三种控制方式。

3. 步进电动机是一种使用开环方式就可以达到一定控制要求的伺服电动机。

4. 伺服系统为了对电动机的转速、角位移、转矩进行精确的输出，由内到外使用了电流环、速度环、位置环的三闭环控制方法。

5. 步进电动机是一种用电脉冲控制运转的电动机，输入一个电脉冲，电动机旋转一

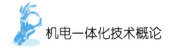

个固定的角度,输入频率越高,转速越快,改变脉冲顺序可改变转动方向。步进电动机在构造上有三种主要类型:反应式、永磁式和混合式。目前市场上最受欢迎的是两相混合式步进电动机。

习题与思考题

1. 简述两相步进电动机的运行原理。
2. 简述永磁交流同步伺服电动机的运行原理。
3. 伺服电动机和步进电动机在性能上有什么不同?

第5章

液压传动与气动技术

> **学习要求**
> 1. 了解液压传动的特点。
> 2. 了解液压传动系统的构成。
> 3. 掌握液压传动的工作原理。
> 4. 掌握常用液压传动系统元件的作用及图形符号。
> 5. 掌握典型液压传动系统的分析方法。
> 6. 了解气压传动的特点。
> 7. 了解气压传动系统的构成。
> 8. 掌握气压传动的工作原理。
> 9. 掌握常用气压系统元件的作用及图形符号。
> 10. 掌握典型气压系统的分析方法。
> 11. 了解电液控制系统的组成及作用。

一部机械通常由三部分组成,即原动机→传动装置→工作机。原动机的作用是把各种形态的能量转变为机械能,是机器的动力源;工作机的作用是利用机械能对外做功;传动装置设在原动机和工作机之间,起传递动力和进行控制的作用。传动的类型有多种,按照传动所采用的机件或工作介质的不同主要分为机械传动、电力传动、气压传动和液压传动。

液压与气压传动是以流体(液体和气体称为流体)作为工作介质进行能量传递和控制的一种传动方式。由于流体这种工作介质具有特殊的物理性能,在能量传递、系统控制、支撑和减小摩擦等方面发挥着十分重要的作用,所以液压与气动控制技术发展十分迅速,现已广泛应用于工业、农业、国防等各个部门。目前,液压传动正向高压、高速、大功率、高效率、低噪声、低能耗、经久耐用、高度集成化、数字化等方向发展;气压传动正向节能化、小型化、轻量化、位置控制的高精度化以及机、电、液相结合的综合控制技术方向发展。

液压与气压传动实现传动和控制的方法基本相同,都是利用各种元件组成具有所需功能的基本控制回路,再将若干基本控制回路加以综合利用构成能完成特定任务的传动和控制系统,实现能量的转换、传递和控制。

5.1 液压传动

5.1.1 液压传动的基本知识

液压传动相对于机械传动来说是一门新的学科。液压传动技术是机械设备中发展速度最快的技术之一，特别是近年来，随着机电一体化技术的发展及其与微电子、计算机技术的结合，液压传动进入了一个新的发展阶段。

液压传动是以液体（通常是液压油）作为工作介质，利用液体压力来传递动力和进行控制的一种传动方式。它通过各种元件组成不同功能的基本控制回路，再由若干基本控制回路有机地组合成具有一定控制功能的传动系统。例如，可将来自液压泵电动机的机械能转换为压力能，又通过管路、控制阀等元件，经执行元件（液压缸或液压马达）将液体的压力能转换成机械能，驱动负载和实现执行机构的运动。

5.1.2 液压传动的工作原理

液压传动是利用液体静压传动原理来实现的。现以图 5-1 所示的液压千斤顶为例来说明液压传动的工作原理。

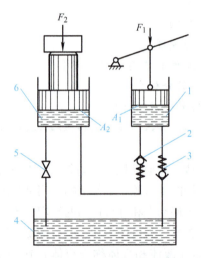

图 5-1 液压千斤顶工作原理图

1—小液压缸 2—排油单向阀 3—吸油单向阀 4—油箱 5—截止阀 6—大液压缸

图 5-1 中，当向上抬起杠杆时，小液压缸 1 中的小活塞向上运动，小液压缸下腔容积增大形成局部真空，排油单向阀 2 关闭，油箱 4 中的油液在大气压作用下经吸油管顶开吸油单向阀 3 进入小液压缸的下腔。当向下压杠杆时，小液压缸下腔容积减小，油液受挤压，压力升高，关闭吸油单向阀 3，顶开排油单向阀 2，油液经排油管进入大液压缸 6 的下腔，推动大活塞上移顶起重物。如此不断上下扳动杠杆，则不断有油液进入大液压缸下腔，使重物逐渐举升。如杠杆停止动作，大液压缸下腔油液压力将使排油单向阀 2 关闭，大活塞连同重物一起被锁住不动，停止在举高位置。如打开截止阀 5，大液压缸下腔通油

箱，大活塞将在自重作用下下移，恢复到原始位置。

由液压千斤顶的工作原理可知，小液压缸 1 与排油单向阀 2、吸油单向阀 3 一起完成吸油与排油，将杠杆的机械能转换为油液的压力能输出，称为（手动）液压泵。大液压缸 6 将液油的压力能转换为机械能输出，抬起重物，称为（举升）液压缸。图中大、小液压缸等组成了最简单的液压传动系统，实现了力和运动的传递。

由图 5-1 也可以看出，在小液压缸中，驱动小活塞所做的机械功变成排出液体的压力能；而在大液压缸中，进入大液压缸的液体压力能通过大活塞转变为驱动负载所需的机械能。所以在液压系统中要发生两次能量的转换。

5.1.3 液压传动系统的组成

1. 液压传动系统的构成

图 5-2 所示为一台简化的机床工作台液压传动系统。图中，液压泵 3 由电动机（图中未标出）带动旋转，从油箱 1 中吸油。油液经过滤器 2 过滤后流往液压泵 3，经泵向系统输送。来自液压泵的液压油经节流阀 5 和换向阀 6 进入液压缸 7 的左腔，推动活塞连同工作台 8 向右移动。这时，液压缸 7 右腔的油通过换向阀经回油管排回油箱。

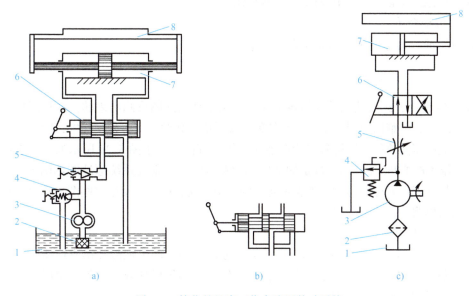

图 5-2 简化的机床工作台液压传动系统

1—油箱 2—过滤器 3—液压泵 4—溢流阀 5—节流阀 6—换向阀 7—液压缸 8—工作台

如果将换向阀手柄扳到左边位置，使换向阀处于图 5-2b 所示的状态，则液压油经换向阀进入液压缸的右腔，推动活塞连同工作台 8 向左移。这时，液压缸 7 左腔的油经换向阀和回油管排回油箱。

工作台的移动速度是通过节流阀来调节的。当节流阀开度较大时，进入液压缸的流量较大，工作台的移动速度也较快；反之，当节流阀开度较小时，工作台移动速度则较慢。

工作台移动时必须克服阻力，例如克服切削力和相对运动表面的摩擦力等。为适应克服不同大小阻力的需要，泵输出油液的压力应当能够调整。另外，当工作台低速移动时，节流阀开度较小，泵出口多余的液压油亦需排回油箱。这些功能是由溢流阀 4 来实现的，调节溢流阀弹簧的预压力就能调整泵出口的油液压力，并让多余的油在相应压力下打开溢流阀，经回油管流回油箱。

由上面的例子可以看出，液压传动系统主要由以下几部分构成。

（1）动力元件

一般是液压泵。它的功能是将原动机输入的机械能转换成流体的压力能，以驱动执行元件运动。

（2）执行元件

一般指做直线运动的液压缸、做回转运动的液压马达。它的功能是将流体的压力能转换为机械能，以驱动工作部件。

（3）控制元件

指各种阀类元件，它们的作用是控制和调节液压传动系统中流体的压力、流量和流动方向，以保证工作机构完成预定的工作运动。

（4）辅助元件

指除上述三种以外的其他装置，如油箱、滤油器、储能器等，它们的作用是提供必要的条件，使系统得以正常工作和便于监测控制。

（5）传动介质

即液压油，其是传递运动和动力的介质。

2. 液压传动系统的符号

在图 5-2a 中，组成液压系统的各个元件是用半结构式图形画出来的，这种图形直观性强，较易理解，但难以绘制，系统中元件数量多时更是如此。在工程实际中，除某些特殊情况外，一般都用简单的图形符号来绘制液压系统原理图。对于图 5-2a 所示的压力系统，若用国家标准 GB/T 786.1—2009 规定的液压图形符号绘制，则其系统原理图如图 5-2c 所示。图中的符号只表示元件的功能，不表示元件的结构和安装位置。使用这些图形符号，可使液压系统图简单明了，便于绘制。

（1）液压泵与液压马达

液压泵是液压传动系统的动力装置，它将原动机输入的机械能转换成液体压力能，在液压传动系统中属于动力元件，是液压传动系统的重要组成部分。工程上常用的液压泵有齿轮泵、叶片泵和柱塞泵三种。

液压泵的工作原理如图 5-3 所示。柱塞 2 靠弹簧 3 压在偏心轮 1 上，偏心轮转动时，柱塞便做往复运动。柱塞向下移动时，密封腔 6 因容积增大而形成一定真空区，在大气压力的作用下通过单向阀 4 从油箱中吸入油液，这时单向阀 5 将压油口封闭，以防止系统油液回流；柱塞向上移动时，密封腔 6 的容积减小，将已吸入的油液通过单向阀 5 压出，这时单向阀 4 将吸油口封闭，以防止油液回流到油箱中。于是偏心轮便不停地转动，泵就不断地进行吸油和压油过程。

液压泵的图形符号如图 5-4 所示，图 5-4a 所示为一般符号，图 5-4b 所示为变量泵符号。

液压马达是执行元件，它将液体的压力能转换为机械能，输出转矩和转速。液压马达

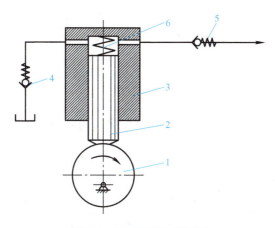

图 5-3 液压泵的工作原理
1—偏心轮 2—柱塞 3—弹簧 4、5—单向阀 6—密封腔

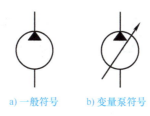

a) 一般符号　　b) 变量泵符号

图 5-4 液压泵的图形符号

的工作原理在理论上与液压泵具有可逆性,它们的结构也基本相同;但是,由于它们的工作任务和具体要求不同,所以在实际结构上只有少数泵能作马达使用。按照转速的不同,液压马达可分为高速和低速两大类。按照排量可否调节,液压马达可分为定量马达和变量马达两大类,变量马达又可分为单向变量马达和双向变量马达。另外还有摆动液压马达。

(2) 液压阀

在液压系统中,除了需要液压泵提供动力和液压执行元件来驱动工作装置外,还需要对执行元件的起动、停止、速度大小、运动方向以及力、转矩大小和动作顺序等进行控制,这就需要用到控制元件(简称控制阀)。液压阀在液压系统中占有很大比重,它的性能好坏直接影响液压系统的工作过程和工作性能。

液压阀按用途可分为三大类:方向控制阀(简称方向阀),如单向阀、换向阀等;压力控制阀(简称压力阀),如溢流阀、顺序阀、减压阀和压力继电器等;流量控制阀(简称流量阀),如节流阀、调速阀等。这三类阀还可根据需要互相组合成组合阀,如单向顺序阀、单向减压阀、卸荷阀和单向节流阀等。

1) 单向阀。普通单向阀控制油液只能按一个方向流动而反向截止,故简称单向阀,又称止回阀。普通单向阀的图形符号如图 5-5a 所示。液控单向阀与普通单向阀相比,增加了一个控制油口,当控制油口处无液压油通入时,液控单向阀起普通单向阀的作用,主油路上的液压油不能反向流动。液控单向阀的图形符号如图 5-5b 所示。

2) 换向阀。换向阀的作用是利用阀芯相对阀体的运动(位置的改变)来控制液流方向,接通或断开油路,从而改变执行机构的运动方向、起动或停止。换向阀的种类很多,

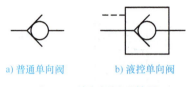

a) 普通单向阀　　b) 液控单向阀

图 5-5　单向阀图形符号

按照阀的工作位置数分为二位、三位、四位；按照阀的通路数分为二通、三通、四通、五通。常用换向阀的图形符号如图 5-6 所示。

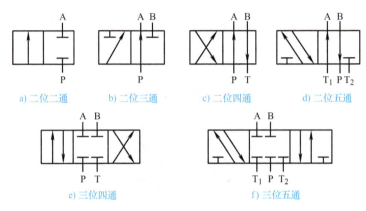

a) 二位二通　　b) 二位三通　　c) 二位四通　　d) 二位五通

e) 三位四通　　f) 三位五通

图 5-6　常用换向阀的图形符号

换向阀的工作原理基本相同，按阀芯所受操纵外力的方式不同，主要分为手动、机动、电动、液动、电液动等换向阀。图 5-7a 所示为三位四通手动换向阀的图形符号，当手柄拨动阀芯移动时，可使液压阀工作在不同的位置，P 口通液压泵，A、B 口通液压缸或液压马达，T 口通油箱。当操作手柄使液压阀工作在右位时，P 口与 B 口接通，A 口与 T 口接通；当操作手柄使液压阀工作在左位时，P 口与 A 口接通，B 口与 T 口接通；当操作手柄使液压阀工作在中间位时，P、B、A 和 T 口互不相通。图 5-7b 所示二位三通电磁换向阀的工作原理也是类似的，通过控制换向阀电磁铁线圈的通断电，使阀芯移动来控制液流方向。

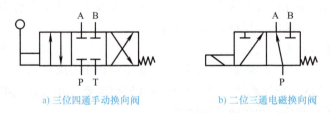

a) 三位四通手动换向阀　　b) 二位三通电磁换向阀

图 5-7　常见换向阀的图形符号

3) 流量控制阀。在液压系统中，流量控制阀主要用来调节通过阀口的流量，以满足对执行元件运动速度的要求。流量控制阀均以节流单元为基础，利用改变阀口通流截面的大小或通流通道的长短来改变液阻（液阻为小孔缝隙对液体流动产生的阻力），以达到调节通过阀口的流量的目的。常用的流量控制阀包括节流阀、调速阀、分流阀及其与单向阀、行程阀组成的各种组合阀。普通节流阀和调速阀的图形符号如图 5-8 所示。

a) 普通节流阀　　b) 调速阀

图 5-8　常见流量阀的图形符号

(3) 液压缸

液压缸的功能是将液压系统中的压力能转化为机械能，以驱动外部工作部件。液压缸和液压马达同属于液压系统的执行元件，它们的区别是：液压缸将液压能转换成直线运动（或往复直线运动）的机械能，而液压马达则是将液压能转换成旋转运动的机械能。

液压缸按结构特点可分为活塞式液压缸、柱塞式液压缸和摆动式液压缸三类；按其供油方式不同可分为单作用式液压缸和双作用式液压缸。其中，单作用式液压缸中的压力只能使活塞（或柱塞）单方向运动，而反向运动必须靠外力（如弹簧力或自重等）实现；双作用式液压缸可由液压力实现两个方向的运动。双作用单杆缸的图形符号如图 5-9 所示。

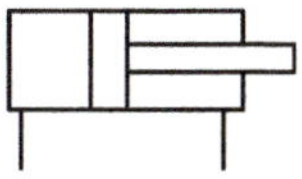

图 5-9　双作用单杆缸的图形符号

3. 液压传动的主要优缺点

液压传动与其他传动方式相比，主要有以下优点：

1) 液压传动能方便地实现无级调速，调速范围大。
2) 在相同功率情况下，液压传动能量转换元件的体积小、重量较轻。
3) 液压传动工作平稳、反应速度快、冲击小，能高速起动、制动和换向。
4) 液压传动便于实现过载保护。
5) 液压传动操作简单，便于实现自动化，特别是和电气控制联合使用时，易于实现复杂的自动工作循环。
6) 油液元件能够自行润滑，元件的使用寿命长。
7) 液压元件易于实现系列化、标准化和通用化，故便于设计、制造。

液压传动的主要缺点如下：

1) 由于可能泄漏及流体的可压缩性，使它们无法保证严格的传动比。
2) 液压传动对油温的变化比较敏感，不宜在很高和很低的温度下工作，且易污染环境。
3) 不宜远距离输送动力。
4) 油液元件制造精度要求高，加工装配较困难，且对油液的污染较敏感。
5) 由于液压元件和工作介质都在封闭的油路内工作，故发生故障不易检查。

总的来说，液压传动的优点是十分突出的。

5.1.4　典型液压传动系统

一个液压传动系统无论是简单还是复杂，均由一些基本回路组成，液压基本回路是由若干液压元件组成的、用来完成特定功能的典型回路。按功能的不同，液压基本回路可分为方向控制回路、压力控制回路、速度控制回路、多缸工作控制回路等。

1. 方向控制回路

图 5-10 所示为用二位四通电磁阀来实现换向的液压自动换向回路。当电磁铁 1YA 通电时，换向阀左位接入系统工作，活塞向右移动，此时其油路情况如下：

进油路：液压泵 1→换向阀 2 左位 P 口→A 口→液压缸左腔。

回油路：液压缸右腔→换向阀 2 左位 B 口→T 口→油箱。

若使 1YA 断电，则换向阀的右位接入系统工作，活塞向左移动，此时其油路情况如下：

进油路：液压泵 1→换向阀 2 右位 P 口→B 口→液压缸右腔。

回油路：液压缸左腔→换向阀 2 右位 A 口→T 口→油箱。

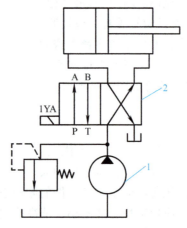

图 5-10 液压自动换向回路
1—液压泵　2—换向阀

根据执行元件的换向要求，也可采用二位（或三位）四通（或五通）控制阀，控制方式可以是人力、机械、电气、直接压力或间接压力（先导）等。

图 5-11 所示为利用限位开关控制的三位四通电磁换向阀换向回路。按下起动按钮，1YA 通电，换向阀左位工作，液压缸左侧进油，液压缸活塞向右运动，当碰上限位开关 2 时，2YA 通电、1YA 断电，换向阀切换到右位工作，液压缸右腔进油，活塞向左运动。当碰上限位开关 1 时，1YA 通电、2YA 断电，换向阀切换到左位工作，液压缸左腔进油，活塞又向右运动。这样往复变换换向阀的工作位置，就可自动变换活塞的运动方向。当 1YA 和 2YA 都断电时，换向阀处于中位，活塞停止运行。

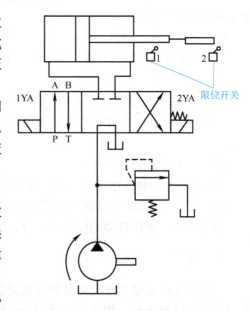

图 5-11 利用限位开关控制的
三位四通电磁换向阀换向回路

2. 压力控制回路

图 5-12 所示为用溢流阀来调定液压泵工作压力的调压回路,此时,溢流阀的调定压力应大于系统的最高工作压力,这种调压回路在定量泵节流调速系统中应用。由图可见,由于泵的流量大于通过调速阀进入液压缸中的流量,油压升高到溢流阀的调定值后顶开溢流阀,多余的油流回油箱。在溢流的过程中,系统的油压与溢流阀弹簧力保持平衡,使系统在不断溢流的过程中保持压力基本稳定。

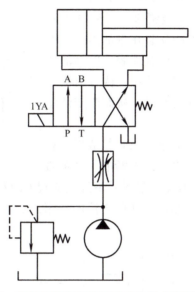

图 5-12 用溢流阀调定液压泵工作压力的调压回路

图 5-13 所示为采用 H 型（也可以用 M 型或 K 型）中位滑阀机能的三位四通电磁换向阀来实现卸荷的回路。当换向阀的两个电磁铁 1YA 与 2YA 都断电时,液压泵输出的油液经换向阀中间通道直接流回油箱,实现液压泵卸荷。

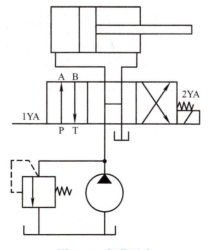

图 5-13 卸荷回路

3. 速度控制回路

用来控制执行元件运动速度的回路称为速度控制回路。液压系统执行元件的速度控制包括速度的调节和变换。

节流阀调速的原理是通过控制进入运动部件的流量来控制运动部件的速度。按照节流阀（或调速阀）在系统中安装的位置不同，节流阀调速可分为进油节流调速、回油节流调速和旁路节流调速。图 5-14 所示为进油节流调速回路，其节流阀安装在进油路上，液压泵输出的油液经节流阀进入液压缸左腔，推动活塞向右运动，多余的油液自溢流阀回油箱。调节节流阀的开度，即可调节进入液压缸的流量，从而改变液压缸的运动速度。

图 5-15 所示为一种把活塞快速右移换接成慢速右移的速度换接回路。当 1YA 通电、2YA 断电、3YA 通电时，活塞向右快速移动，液压缸右腔的油液经换向阀 1 的左位和换向阀 2 的右位直接流回油箱。当 3YA 断电时，回油则经调速阀 3 流回油箱，活塞向右运动的速度由快速转为慢速。

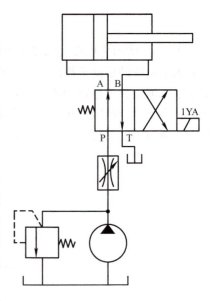

图 5-14 进油节流调速回路

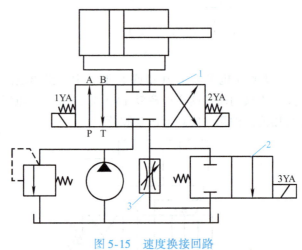

图 5-15 速度换接回路
1、2—换向阀 3—调速阀

5.2 气压传动

5.2.1 气压传动的基本知识

气压传动（简称气动）技术是以空气为工作介质，进行能量传递或信号传递及控制的技术，通过控制和驱动各种机械和设备，可以实现生产过程机械化、自动化。由于气压传动以压缩空气为工作介质，因此具有防火、防爆、防电磁干扰，抗振动、冲击、辐射，无污染，结构简单，工作可靠等特点，所以气动技术与液压、机械、电气和电子技术一起，互相补充，已发展成为实现生产过程自动化的一个重要手段，在机械、冶金、化工、交通运输、航空航天、国防建设等多个领域得到了广泛的应用。气压传动与液压传动在动力源方面有很大的区别，气压传动系统的工作介质是压缩空气，在进入气压传动系统时，压缩空气必须保持清洁和干燥，工厂中一般都由压缩空气站集中供气。

5.2.2 气压传动的工作原理

气压传动系统的工作原理是利用空气压缩机将电动机或其他原动机输出的机械能转变为空气的压力能，然后在控制元件的控制和辅助元件的配合下，通过执行元件把空气的压力能转变为机械能，从而完成直线或回转运动并对外做功。

以气动剪切机为例简单介绍气压传动系统的工作原理，图5-16a所示为气动剪切机的工作原理图，空气压缩机1产生的压缩气体，经过后冷却器2和分水排水器3进行降温及初步净化处理后储藏在储气罐4中，再经空气过滤器5、减压阀6和油雾器7后，部分气体到达气控换向阀9的下腔。下腔压力将阀芯推到上端，气体经由换向阀使气缸10的上腔充压，活塞处于下位，剪切机的剪口张开，处于预备状态。当送料机构将工料11送入剪切机柄到达规定位置时，压下行程阀8的顶杆，使其阀芯向右移动，行程阀8使换向阀的下腔与大气相通。气控换向阀9的阀芯在弹簧力作用下下移复位，使气缸上腔经由换向阀与大气相通，下腔则与压缩空气连通。此时，活塞带动下剪切刀快速向上，形成剪切运动，将工料切下。工料被切，落下后即与行程阀脱开，行程阀8的阀芯左移复位，阀芯将排气通道封闭，使气控换向阀9的下腔气压上升，导致其阀芯上移，气路换向。压缩空气

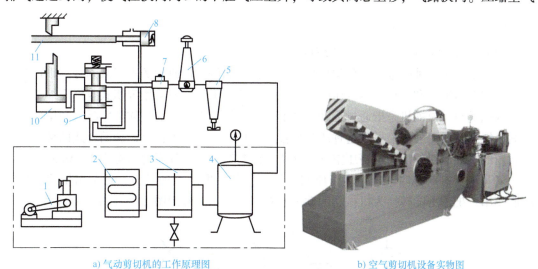

a) 气动剪切机的工作原理图 b) 空气剪切机设备实物图

图5-16 气压传动系统工作原理

1—空气压缩机 2—后冷却器 3—分水排水器 4—储气罐 5—空气过滤器 6—减压阀
7—油雾器 8—行程阀 9—气控换向阀 10—气缸 11—工料

则经由气控换向阀 9 进入气缸的上腔，下腔排气，气缸的活塞带动下剪切刀向下运动，系统又恢复到图示的预备状态，等待第二次进料剪切。气路中的气控换向阀，根据行程阀的指令不断改变压缩空气的通路，使气缸活塞带动剪切机构实现剪切工料和剪切刀复位工作。

5.2.3 气压传动系统的组成

1. 气压传动系统的构成

由上文气动剪切机工作原理可知，气压传动系统由以下四部分组成。

（1）动力元件

它将原动机（如电动机）供给的机械能转变为气体的压力能，为各类气动设备提供动力。用气量较大的厂矿一般都专门建有压缩空气站，通过输送管道统一向各用气点分配压缩空气。

（2）执行元件

它能将气体的压力能转换为机械能，输出力和速度（或转矩和转速），以驱动工作部件，如气缸和气马达。

（3）控制元件

它用以控制压缩空气的压力、流量和流动方向，以保证执行元件具有一定的输出力和速度。这类元件包括压力阀、流量阀、方向阀和逻辑元件等。

（4）辅助元件

它包括除上述三类元件之外的元件，如过滤器、干燥器、消声器、油雾器和管件等。它们对保证系统可靠、稳定的工作起着重要作用。

2. 气压传动系统的符号

（1）气压动力元件——空气压缩机

空气压缩机的种类很多，分类形式也有多种。如按工作原理的不同来划分，则可分为动力式空气压缩机和容积式空气压缩机。在气压传动中，一般采用容积式空气压缩机。

容积式空气压缩机是指通过运动部件的位移，使一定容积的气体顺序吸入和排出封闭空间以提高静压力的压缩机。这种压缩机按结构形式又可分为往复式和回转式两种。其中最常用的是油润滑的活塞式挤压空气压缩机，由它产生的空气压力通常小于 1MPa。

气马达（有时也叫气泵）是以压缩空气为工作介质的原动机，它是采用压缩气体的膨胀作用，把压力能转换为机械能的动力装置。气马达的常用图形符号如图 5-17 所示。

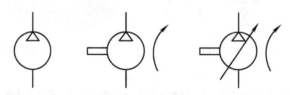

a) 一般符号　　b) 单向定量泵图形符号　　c) 单向变量泵图形符号

图 5-17　气马达的图形符号

(2) 气缸

气缸是将压缩空气的压力能转换为机械能的执行元件，可分为做往复直线运动的气缸和做往复摆动的气缸两类。做往复直线运动的气缸又可分为单作用气缸、双作用气缸、膜片式气缸和冲击气缸四种。单作用气缸的特点是压缩空气只能使活塞向一个方向运动，另一个方向的运动则需要借助外力，如重力、弹簧力等。双作用单杆气缸可以在活塞的两个面上施力以控制其主动运动。目前最常选用的是标准气缸，其结构和参数都已系列化、标准化、通用化。图 5-18 所示为气缸实物及常用图形符号。

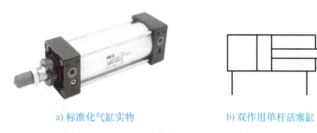

a) 标准化气缸实物　　　　　b) 双作用单杆活塞缸

图 5-18　气缸实物及常用图形符号

(3) 压力控制阀

在气压传动系统中，控制压缩空气的压力和依靠气压来控制执行元件动作顺序的阀统称为压力控制阀。这类阀的共同特点是利用作用于阀芯上的压缩空气压力和弹簧力相平衡的原理来进行工作。

压力控制阀按其控制功能可分为减压阀、顺序阀和溢流阀，其图形符号如图 5-19 所示。

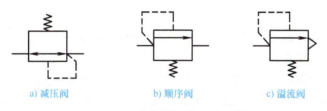

a) 减压阀　　　　b) 顺序阀　　　　c) 溢流阀

图 5-19　压力控制阀常用图形符号

气动设备和装置的气源一般都来自压缩空气站。压缩空气站供给的压缩空气的压力通常都高于气动设备和装置的实际需要，且波动较大，因此需要用调节压力的减压阀来降到实际需要的压力，并保持该压力值的稳定。

顺序阀是依靠气路中压力的作用而控制执行组件按顺序动作的压力控制阀。顺序阀一般很少单独使用，它往往与单向阀组合在一起，构成单向顺序阀。

溢流阀是防止管路、储气罐等的破坏，限制回路中最高压力的一种压力阀，又称安全阀。

(4) 方向控制阀

方向控制阀是控制压缩空气的流动方向和气路的通断，以控制执行元件动作的一类气动控制元件，它是气动系统中应用最多的一种控制元件。

按气流在阀内的流动方向，方向阀可分为单向型方向控制阀和换向型方向控制阀；按控制方式，方向阀可分为人力控制阀、气动控制阀、机动控制阀和电气控制阀等；按切换的通路数目，方向阀可分为二通阀、三通阀、四通阀和五通阀等；按阀芯工作位置的数目，方向阀可分为二位阀和三位阀等。常用的气压换向阀的符号与液压换向阀的符号类似，图 5-20 所示为常用电磁换向阀实物。

a) 两位五通电磁换向阀　　　　　　b) 三位五通电磁换向阀

图 5-20　常用电磁换向阀实物

（5）流量控制阀

在气压传动系统中，有时要求控制气缸的运动速度，有时要求控制换向阀的切换时间和气动信号的传递速度，这都需要通过调节压缩空气的流量来实现。

流量控制阀是通过改变阀的流通截面面积来实现流量控制的元件。流量控制阀包括节流阀、单向节流阀和排气节流阀等。常用节流阀图形符号如图 5-21 所示。

a) 普通节流阀　　　　　　b) 排气节流阀

图 5-21　常用节流阀图形符号

3. 气压传动的主要优缺点

气压传动与其他传动和控制方式相比，其主要优缺点如下。

气压传动的主要优点如下：

1）气动装置结构简单、轻便、安装维护简单，压力等级低，故使用安全。

2）工作介质是取之不尽、用之不竭的空气，排气处理简单，不污染环境，成本低。

3）输出力及工作速度的调节非常容易。气缸的动作速度一般为 50~500mm/s，比液压和电气方式的动作速度快。

4）可靠性高，使用寿命长。电气元件的有效动作次数为数百万次，而 SMC 的一般电磁阀的寿命大于 3000 万次，小型阀超过 1 亿次。

5）利用空气的可压缩性，可储存能量，实现集中供气。可以在短时间内释放能量，以获得间歇运动中的高速响应；可实现缓冲，对冲击负载和过载有较强的适应能力；在一定条件下，可使气动装置有自我保护能力。

6）全气动控制具有防火、防爆、耐潮的能力。与液压方式相比，气动方式可以在高温场合下使用。

7）由于空气流动损失小，故压缩空气可集中供应，远距离输送。

气压传动的主要缺点如下：

1）由于空气有压缩性，气缸的动作速度易随负载的变化而变化。采用气液联动方式可以克服这一缺陷。

2）气缸在低速运行时，由于摩擦力占推力的比例较大，气缸的低速稳定性不如液压缸。

3）虽然在许多应用场合，气缸的输出力能满足工作要求，但其输出力比液压缸小。

4）有较大的排气噪声。

5）因空气无润滑性能，故在气路中一般应设置供油润滑装置。

5.2.4 典型气压传动系统

气动基本回路是由相关气动元件组成的，用来完成某种特定功能的典型管路结构。它是气压传动系统中的基本组成单元。一般按其功能分类：用来控制执行元件运动方向的回路称为方向控制回路；用来控制系统或某支路压力的回路称为压力控制回路；用来控制执行元件速度的回路称为调速控制回路；用来控制多缸运动的回路称为多缸运动回路。

1. 方向控制回路

单作用气缸可直接采用二位三通电磁阀控制换向，但二位三通电磁阀控制气缸只能换向而不能在任意位置停留，如需要在任意位置停留，则必须使用三位四通电磁阀或三位五通电磁阀控制。图 5-22a 所示为用二位三通电磁阀来实现的单作用气缸直接控制换向回路，直接控制方式一般适用于小口径气缸。单作用气缸的间接控制回路可用小口径换向阀来控制大口径的气控阀，适用于大口径气缸及气缸的远程控制，如图 5-22b 所示。

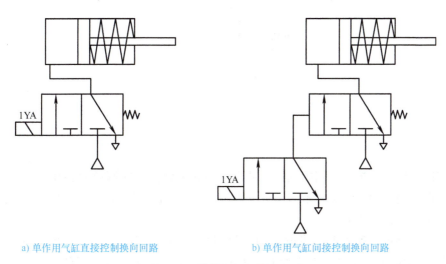

a) 单作用气缸直接控制换向回路 b) 单作用气缸间接控制换向回路

图 5-22　单作用气缸换向回路

图 5-23 所示为双作用气缸的直接控制换向回路，分别用二位四通阀、二位五通阀、三位四通阀，可用手动换向阀、电磁换向阀、机动换向阀等实现。

2. 压力控制回路

压力控制回路的功能是使系统保持在某一规定的压力范围内，常用的有一次压力控制回路、二次压力控制回路和高低压转换回路。图 5-24 所示为基本压力控制回路，该回路用调压阀 1 来实现气动系统气源的压力控制。

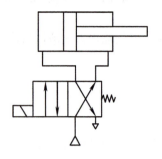 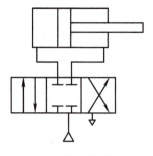 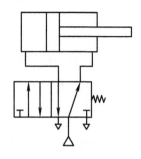

a) 二位四通阀控制换向　　　　b) 二位五通阀控制换向　　　　c) 三位四通阀控制换向

图 5-23　双作用气缸直接控制换向回路

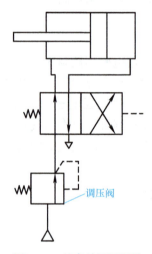

图 5-24　基本的调压回路

3. 调速控制回路

调速控制回路，按其控制的气缸运动方向不同可分为单向调速回路和双向调速回路；按节流阀在气路中的安装位置不同又可分为供气节流阀调速回路（见图 5-25a）和排气节流调速回路（见图 5-25b）。

在 YL-335B 自动化生产线设备中，供料单元的主要结构如图 5-26 所示，管形料仓和工件推出装置用于储存工件原料，并在需要时将料仓中最下层的工件推到出料台上。它主要由管形料仓、推料气缸、顶料气缸、磁感应接近开关、漫射式光电传感器等组成。

供料单元的气动控制回路工作原理如图 5-27 所示，图中 1A 和 2A 分别为推料气缸和顶料气缸。1B1 和 1B2 为安装在推料气缸两个极限工作位置的磁感应接近开关，2B1 和 2B2 为安装在顶料气缸两个极限工作位置的磁感应接近开关。1Y1 和 2Y1 分别为控制推料气缸和顶料气缸电磁阀的电磁控制端。通常，这两个气缸的初始位置均设定在缩回状态。

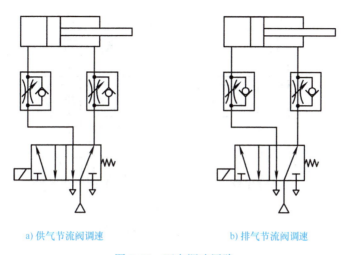

a) 供气节流阀调速　　　　b) 排气节流阀调速

图 5-25　双向调速回路

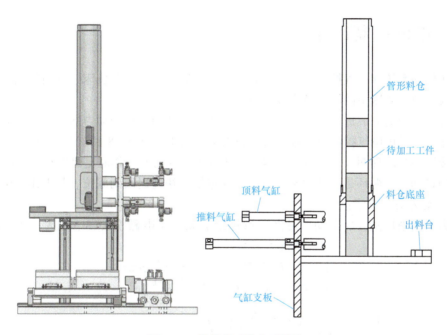

图 5-26　供料单元的主要结构

供料单元的工作原理是，工件垂直叠放在料仓中，推料气缸处于料仓的底层并且其活塞杆可从料仓的底部通过，当活塞杆在退回位置时，它与最下层工件处于同一水平位置，而顶料气缸则与次下层工件处于同一水平位置。当需要将工件推到出料台上时，首先电磁阀 2Y1 线圈得电，使顶料气缸的活塞杆推出，压住次下层工件；然后电磁阀 1Y1 线圈得电，使推料气缸活塞杆推出，从而把最下层工件推到出料台上。电磁阀 1Y1 线圈失电，推料气缸返回并从料仓底部抽出，再使电磁阀 2Y1 线圈失电，顶料气缸返回，松开次下层工件。这样，料仓中的工件在重力的作用下，自动向下移动，为下一次推出工件做好准备。

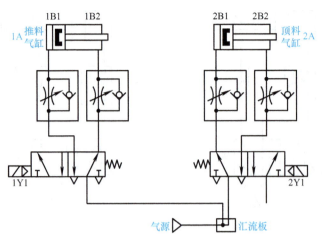

图 5-27 供料单元的气动控制回路工作原理

5.3 电液控制回路

液压传动系统和电气控制电路相结合的电液控制系统在组合机床、自动化机床、自动化生产线和数控机床中的应用越来越广泛。

动力头是既能完成进给运动,又能同时完成刀具切削运动的动力部件。液压动力头的自动工作循环是由电气控制电路控制液压系统来实现的。图 5-28 和图 5-29 所示为一次工作进给液压系统原理图及其电气控制电路,表 5-1 为动力头工作时电磁铁动作顺序表。这种电路的自动工作循环是:动力头快进→工作进给→快速退回到原位。其工作过程如下:

(1) 动力头原位停止

动力头由液压缸 YG 带动,可做前后进给运动。当电磁铁 1YA、2YA、3YA 都断电

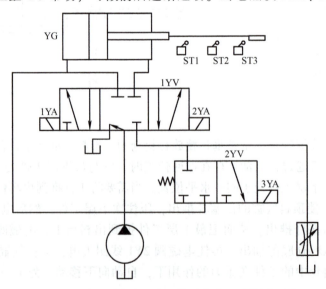

图 5-28 液压动力头一次工作进给液压系统原理图

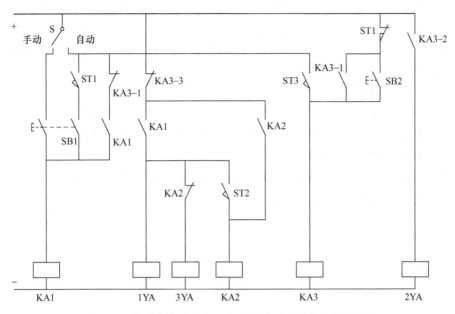

图 5-29 液压动力头一次工作进给液压系统电气控制电路

时,电磁阀 1YV 处于中间位置,动力头停止不动。动力头在原位时,限位开关 ST1 由撞块压动,其动合触点闭合,动断触点断开。

(2) 动力头快进

把转换开关 S 拨至"自动"位置。按动按钮 SB1,中间继电器 KA1 得电动作并自锁,其动合触点闭合使电磁铁 1YA、3YA 通电。1YA 通电后液压油把液压缸的活塞推向右端,动力头向前运动。1YA、3YA 同时通电,除了接通工作进给油路外,还经电磁阀 2YV 将液压缸小腔内的回油排入大腔,加大了油的流量,所以动力头快速向前运动。

(3) 动力头工作进给

在动力头快进的过程中,当撞块压动行程开关 ST2 时,其动合触点闭合,使 KA2 得电动作,KA2 的动断触点断开使 3YA 断电,使动力头自动转为工作进给状态。KA2 的动合触点闭合接通自锁电路。

表 5-1 动力头工作时电磁铁动作顺序表

电磁铁 动力头	1YA	2YA	3YA	转换指令
快进	+	-	+	SB1
工作进给	+	-	-	ST2
快退	-	+	-	ST3
停止	-	-	-	ST1

注:"+"表示电磁阀线圈得电,"-"表示电磁阀线圈失电。

(4) 动力头快退

当动力头工作进给到期望点时,撞块压动行程开关 ST3,其动合触点闭合,使 KA3 得电动作并自锁。KA3 动作后，其动断触点 KA3-1 断开，使 1YA 断电，动力头停止工作进给，其动合触点 KA3-2 闭合，使 2YA 得电，电磁阀 1YV 使液压缸活塞左移，动力头快速退回。动力头退回原位后，ST1 被压动，其动断触点断开，使 KA3 断电，因此 2YA 也断电，动力头停止。

（5）动力头点动调整

将转换开关 S 拨至"手动"位置。按动按钮 SB1 也可接通 KA1，使电磁铁 1YA、3YA 通电，动力头可向前快进。但由于 KA1 不能自锁，所以松开 SB1 后，动力头立即停止，故动力头可点动向前调整。

当动力头不在原位需要后退时，按下 SB2，使 KA3 得电动作，2YA 得电，动力头做快退运动，直到退回原位，ST1 被压下，KA3 断电，动力头停止。

液压与气动实验

实验一：液压调速控制回路实验

通过液压调速控制回路实验，熟悉和掌握液压系统的组成、工作原理及应用，这是我们分析、设计和使用液压系统的基础。实验以进口节流调速回路为例，介绍液压回路实验的操作程序和分析方法。

1. 原理图分析

在实现车床、镗床、磨床、钻床、组合机床的进给运动和辅助运动等一些负载变化较小的小功率液压系统中，常采用进口节流调速回路进行速度调节。图 5-30 所示为其实验原理图。

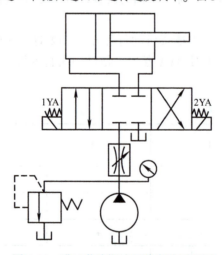

图 5-30　进口节流调速回路实验原理图

2. 实验过程

（1）液压元件的准备

根据原理图，确定需要使用的所有液压元件并准备好，本实验所需的液压元件清单如下：

1) 齿轮泵、油箱各1个。
2) 直动式溢流阀1个。
3) 节流阀1个。
4) 双作用液压缸1个。
5) O型三位四通电磁换向阀1个。
6) 电磁阀连接线1根。
7) 压力油表1只。
8) 油管、三通若干。

(2) 回路安装

1) 元件布局。先将直动式溢流阀、三位四通电磁换向阀、节流阀、双作用液压缸和压力油表按事先设计的布局位置安装固定在回路安装面板上，注意液压缸的进出油孔尽量避免朝下（朝上或侧向均可），其他元件的油孔接头必须方便油管的连接。通过弹性插脚进行快速安装时，应将所有的插脚对准插孔，然后平行推入，并轻轻摇动确保安装稳固。

2) 油路连接。参照回路实验原理图，按油路逻辑顺序完成油管的连接，注意各液压元件的油孔标识字母及其含义，不能接错、接反。例如，O型三位四通电磁换向阀的P孔为进油孔，O孔为回油孔，A、B油孔接工作回路；溢流阀的P孔为进油孔，O孔为回油孔；节流阀的P_1为进油孔，P_2为出油孔。油管连接过程中可将元件从面板上拆下接好后再原位安装。油管全部连接完毕后必须进行仔细检查并确保无误。

3) 电路连接。将三位四通电磁换向阀和电气控制面板的换向阀插座用电磁阀连接线接好，然后接好输入电源。

(3) 演示操作（现象观察）

1) 将节流阀的节流口调至最小。

2) 将电动机调速器逆时针旋到底，起动齿轮泵电动机，然后慢慢调节旋钮并注意观察压力油表，直到达到工作压力（0.3MPa左右）。如果一直不能达到，则要通过溢流阀进行相应的压力调节。

3) 按换向Ⅰ按钮，电磁换向阀线圈1YA通电，电磁换向阀左位工作，将节流阀的节流口调整到不同的大小位置并同时观察、记录液压缸顶杆运行速度的变化。

4) 液压缸顶杆完全伸出后按换向Ⅱ按钮，则电磁换向阀线圈2YA通电，电磁换向阀右位工作，进入液压缸的压力油反向，液压缸顶杆缩回复位。调节节流阀的节流口到相应位置，观察顶杆缩回的速度与伸出时有何不同并记录。

5) 等液压缸顶杆完全缩回后，按换向停止按钮，停止液压缸动作或按换向Ⅰ按钮进行新一轮的工作循环。

(4) 回路拆除

1) 将齿轮泵调回至回油模式运转几分钟，使各液压元件和油管中滞留的油液尽可能退回油箱。

2) 关闭齿轮泵电动机，断开电源并拆除所有电气连接。

3) 从顶部开始依次拆除所有可拆卸元件及油管，注意尽可能地避免油液泄漏。阀体拔出时注意要顺着插孔方向，禁止斜方向扳动，以防损坏插脚。元件拆下后应倒出其内部油液，塞上橡皮塞，清洁外表油渍后放回原处。

(5) 总结

根据实验过程观察并记录看到的现象（包括故障情况），结合本实验回路的基本原理进行分析、总结，完成实验报告。

实验二：气压调速控制回路实验

通过气压调速控制回路实验，熟悉和掌握气源装置及气动三联件的工作原理和主要作用；了解常用气动控制元件的结构及性能，掌握单向节流阀的结构及工作原理；加深气压传动系统基本工作原理的理解；培养设计、安装、连接和调试气动回路的实践能力。

1. 原理图分析

图 5-31 所示为双作用气缸节流调速回路实验原理图，利用两个单向节流阀来实现气缸活塞杆伸出和退回两个方向的速度控制，经单向阀进气，由节流阀排气。

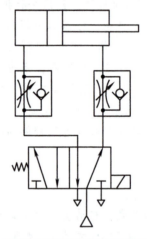

图 5-31　双作用气缸节流调速回路实验原理图

2. 实验过程

（1）气压元件的准备

根据实验原理图，确定需要使用的所有气压元件并准备好。本实验所需的气压元件清单如下：

1）气压泵 1 个。

2）气压三联件 1 个。

3）直动式双作用气缸 1 个。

4）单向节流阀 2 个。

5）二位五通电磁换向阀 1 个。

6）电磁阀连接线 1 根。

7）气管、三通若干。

（2）回路安装

1）元件布局。先将单向节流阀、直动式双作用气缸、二位五通电磁换向阀等元器件按事先设计的布局位置安装固定在回路安装面板上,通过弹性插脚进行快速安装时,应将所有的插脚对准插孔,然后平行推入,并轻轻摇动确保安装稳固。

2) 气路连接。参照控制回路实验原理图,按气路逻辑顺序完成气管的连接,注意各气压元件的气孔标识字母及其含义,不能接错、接反。气管连接过程中可将元件从面板上拆下接好后再原位安装。气管全部连接完毕后必须进行仔细检查并确保无误。

3) 电路连接。将二位五通电磁换向阀和电气控制面板的换向阀插座用电磁阀连接线接好,然后接好输入电源。

(3) 演示操作(现象观察)

1) 将节流阀的节流口调至最小。

2) 起动气压泵,然后慢慢调节旋钮并注意观察压力油表,直到达到工作压力(0.3MPa 左右)。

3) 接通气源,电磁换向阀线圈不得电,这时电磁换向阀左位工作,气缸左腔进气、右腔排气,将出气口节流阀的节流口调整到不同的大小位置,并同时观察、记录气缸活塞杆运行速度的变化。

4) 气缸活塞杆完全伸出后,使电磁换向阀线圈通电,电磁换向阀右位工作,进入气缸的气压反向,气缸活塞杆缩回复位。将出气口节流阀的节流口调整到不同的大小位置并同时观察、记录气缸顶杆运行速度的变化。

5) 等气缸顶杆完全缩回后,电磁换向阀线圈断电,又进行新一轮的工作过程。

(4) 回路拆除

1) 关掉气压泵,断开电源并拆除所有电气连接。

2) 确定气压安全后,拆除气管及气压三联件等气压元件。

3) 阀体拔出时注意要顺着插孔方向,禁止斜方向扳动,以防损坏插脚。

(5) 总结

根据实验过程观察并记录看到的现象(包括故障情况),结合本实验回路的基本原理进行分析、总结,完成实验报告。

本 章 小 结

1. 液压传动是以液体作为工作介质,利用液体压力来传递动力和进行控制的一种传动方式。它通过各种元件组成不同功能的基本回路,再由若干基本回路有机地组合成具有一定控制功能的传动系统。液压传动系统主要由动力元件、执行元件、控制元件、辅助元件和传动介质几部分构成。组成液压系统的各个元件是用半结构式图形画出来的,这种图形直观性强,较易理解,但难以绘制,系统中元件数量多时更是如此。在工程实际中,除某些特殊情况外,一般都用简单的图形符号来绘制液压系统原理图。一个液压系统无论简单还是复杂,均由一些基本回路所组成,液压基本回路是由若干液压元件组成的、用来完成特定功能的典型回路。按功能的不同,液压基本回路可分为方向控制回路、压力控制回路、速度控制回路、多缸工作控制回路等。

2. 气压传动(简称气动)是以空气为工作介质,进行能量传递或信号传递及控制的一种传动方式,通过控制和驱动各种机械和设备,可以实现生产过程机械化、自动化。以压缩空气为工作介质，具有防火、防爆、防电磁干扰，抗振动、冲击、辐射、无污染，结构简单，工作可靠等特点。气压传动系统的工作原理是利用空气压缩机将电动机或其他原动机输出的机械能转变为空气的压力能，然后在控制元件的控制和辅助元件的配合下，通过执行元件把空气的压力能转变为机械能，从而完成直线或回转运动并对外做功。气压传动系统由动力元件、执行元件、控制元件、辅助元件四部分组成。气动基本回路是由相关气动元件组成的，用来完成某种特定功能的典型管路结构。气压传动系统一般按其功能分类：用来控制执行元件运动方向的回路称为方向控制回路；用来控制系统或某支路压力的回路称为压力控制回路；用来控制执行元件速度的回路称为调速回路；用来控制多缸运动的回路称为多缸运动回路。

3. 液压传动系统和电气控制电路相结合的电液控制系统在组合机床、自动化机床、自动化生产线、数控机床中的应用越来越广泛。

习题与思考题

1. 何为液压传动？液压系统由哪些部分组成？各部分的作用是什么？
2. 液压传动技术的主要优缺点是什么？
3. 气压传动与液压传动有什么不同？
4. 气压传动系统主要由哪些元件组成？
5. 简述常见气缸的类型、功能和用途。
6. 气动方向阀有哪几种类型？各自的功能是什么？

第6章

机械传动技术

> **学习要求**
> 1. 了解机械传动系统的概念、组成及作用。
> 2. 了解带传动的类型、特点及应用。
> 3. 理解同步带的结构、参数及规格。
> 4. 掌握同步带传动的设计计算过程。
> 5. 理解伺服系统总传动比计算方法。
> 6. 理解齿轮传动链的级数及各级传动比的最佳分配原则。
> 7. 掌握谐波齿轮传动的工作原理及传动比计算。
> 8. 了解滚珠丝杠副的工作原理及特点、精度及主要尺寸参数。
> 9. 理解滚珠丝杠副常用的轴向间隙预紧方式。
> 10. 掌握滚珠丝杠副承载能力计算方法。

机器的种类有很多,它们的外形、结构和用途各不相同,有其个性,也有其共性。将机器认真研究分析以后可以看出,有些机器可以将其他形式的能量转变为机械能,如电动机、汽油机、蒸汽轮机,这类机器叫作原动机;有些机器需要原动机带动才能运转工作,如车床、打米机、水泵,这类机器叫作工作机。把运动从原动机传递到工作机、把运动从机器的这部分机件传递到那一部分机件叫作传动。传动的方式有很多,有机械传动,也有液压传动、气压传动以及电气传动。本章只介绍最简单、最常用的机械传动系统。

6.1 机械传动系统概述

机械传动系统是指把动力机产生的机械能传送到执行机构中去的中间装置。以传递动力为主的传动系统称为动力传动系统,以传递运动为主的传动系统称为运动传动系统。为了满足机电一体化产品精度高、运动平稳、工作可靠的要求,选择和设计的传动机构应该具有间隙小、传动精度高、运动平稳、效率高、体积小、重量轻、传递转矩大的特点。

机械传动系统主要由螺旋传动、齿轮传动、带传动、高速带传动及各种非线性传动等传动形式组成，其主要功能是传递转矩和转速，因此其实质上是一种转矩、转速变换器，其目的是使动力元件与负载之间在转矩与转速方面得到最佳匹配。

为了能准确、高效地完成传递转矩和转速的任务，确保机械系统的传动精度和工作稳定性，在设计传动系统时，需考虑以下几个指标：

（1）传动精度

传动精度的主要影响因素有传动件的制造误差、装配误差、传动间隙和弹性变形。

（2）响应速度

机械传动系统的响应速度主要取决于加速度。解决方案是减小摩擦力矩，减小电动机的负载和转动惯量，提高传动效率。

（3）稳定性

机械传动系统不但要求稳态误差小，并且要求能够稳定工作，这与振动、散热以及其他许多环境因素有关。要提高传动系统的抗振性，就必须提高传动系统的固有频率（一般为50～100Hz），并需提高系统的阻尼能力。

在实际设计中，还应根据不同的实际情况有所侧重并增加必要的设计指标。

6.2 机械传动系统的分类

按照不同的分类原则，机械传动系统有多种分类方法。

1. 按工作原理分类

机械传动系统主要包括摩擦传动系统、啮合传动系统和推动系统。

（1）摩擦传动系统

该传动形式是靠主动件和从动件接触面之间的摩擦力，带动从动件动作。常见的摩擦传动有尼龙绳传动、钢丝绳传动及带传动等。

（2）啮合传动系统

啮合传动是工程中应用最多的一种传动类型，根据结构形式、啮合形式、齿形曲线和齿向曲线等的不同变化，可以有多种分类。常见的啮合传动有齿轮传动、蜗杆传动、链传动及同步齿形带传动等。

（3）推动系统

推动系统主要由螺旋推动机构、连杆机构、凸轮机构及其组合机构等组成。

2. 按传动比变化分类

（1）定比传动系统

即输入与输出转速对应，适用于工作机工况固定或其工况与原动机工况对应变化的场合。常见的传动形式有齿轮传动、齿轮齿条传动、蜗杆传动、丝杠螺母传动、带传动和链传动等。这种传动形式的共同特点是传动比固定不变，其中齿轮齿条传动和丝杠螺母传动可以将旋转运动转变为直线移动。

（2）变比传动系统

变比传动可以根据需要变换传动比和传动方向，分为有级变速传动、无级变速传动和传动比按周期性规律变化的传动三种。

有级变速传动即一个输入转速对应若干个输出转速，且按某种数列排列，适用于原动机工况固定而工作机有几种工况的场合，或用来扩大原动机的调速范围，常见传动实例有齿轮变速器、塔轮传动等。无级变速传动即一个输入转速对应某一范围内无限多个输出转速，适用于工作机工况多或最佳工况不明确的情况，常见传动实例有无级变速器、电磁滑差离合器等。传动比按周期性规律变化的传动，即输出角速度是输入角速度的周期性函数，用来实现函数传动及改善某些机构的动力特性，常见传动实例有非圆齿轮传动、凸轮传动、连杆机构、组合机构等。

3. 按传动输出速度变化分类

（1）传动输出速度恒定的传动系统

这时原动机输出速度也是恒定的，常见传动实例有齿轮传动、蜗杆传动、链传动、带传动等。

（2）传动输出速度可调的传动系统

这时原动机输出的速度有恒定和可调两种。常见的原动机输入速度恒定而输出速度可调的传动系统实例有有级调速中的塔轮传动、齿轮变速器；无级调速中的机械式无级变速器、变矩器、电磁滑差离合器等；原动机输出速度周期性变化的传动系统实例有凸轮机构、非圆齿轮机构、连杆机构等。

6.3 机械传动系统的设计

6.3.1 带传动

带传动是通过环状挠性件，在两个或多个传动轮之间传递运动或动力的机械传动形式，具有结构简单、维护方便和成本低等特点，适用于两轴中心距较大的传动。

1. 带传动的类型

根据传动原理不同，带传动可分为摩擦型和啮合型两大类。

摩擦型带传动通常由主动轮、从动轮、紧套在两带轮上的传动带及机架组成，如图 6-1 所示，借助带与带轮接触面间的压力所产生的摩擦力来传递运动和动力。摩擦型带传动根据传送带的截面形状不同又可分为平带传动、V 带传动、多楔带传动和圆带传动等。平带的横截面为扁平矩形，适用于中心距较大和传动比较小的传动；V 带的横截面为等腰梯形，工作时两侧面是工作面，底面不和带轮接触；在同样张紧力下，V 带传动较平带传动具有更大的摩擦力，且 V 带多已标准化生产；多楔带兼有平带和 V 带的优点，柔性好、摩擦力大、传递功率大，主要用于传递功率大并要求紧凑的场合；圆带的横截面为圆形，主要用于低速、小功率传动。

啮合型带传动由主动同步带轮、从动同步带轮和套在两轮上的环形同步带组成，如图 6-2 所示。这种带的工作面为齿形，与含齿的带轮进行啮合实现传动。本章将重点介绍啮合型带传动。

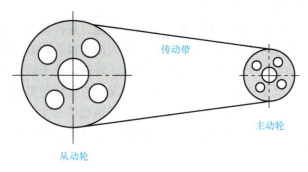

图6-1 摩擦型带传动结构

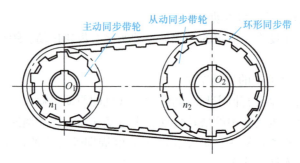

图6-2 啮合型带传动结构

2. 带传动的特点及应用

（1）带传动的优点
1）带传动具有良好的弹性，可缓冲、吸振，因此传动平稳、噪声小。
2）适用于中心距较大的两轴间的传动。
3）过载时带与带轮会发生打滑，可防止其他零件损坏，起保护作用。
4）结构简单，制造容易，维护方便，成本低。

（2）带传动的缺点
1）带传动的外廓尺寸较大，不紧凑。
2）带与带轮之间存在弹性滑动，所以瞬时传动比不准确，传动精度低。
3）带传动效率较低，V带的传动效率 $\eta = 0.87 \sim 0.96$，带的寿命较短。
4）带工作时需要张紧装置，支承带轮的轴及轴承受力较大。
5）带传动不适用于高温、易燃及有腐蚀介质的场合。

（3）带传动的应用范围

带传动多用于原动机与工作机之间的传动，一般传递的功率 $P \leqslant 100kW$，带速 $v = 5 \sim 25m/s$，传动比 $i \leqslant 7$（平带传动比通常为3左右）。需要指出，由于带传动的摩擦会产生电火花，故不能用于有爆炸危险的场合。

3. 同步带传动设计

同步齿形带简称同步带，属于啮合型带传动，它是一种综合了带传动与链传动优点的新型带传动，将带的工作面及带轮外周制成齿形，通过带齿与轮齿的啮合实现运动和动力的传递和变换。带的内部采用了承载后弹性伸长极小的材料作为强力层，以保持带的节距不变，使主、从动带轮能做无滑差的同步传动。

（1）同步带的结构、参数及规格

1）同步带的结构。同步带的结构如图6-3所示，由带背1、强力层2、包布层3、带齿4组成。

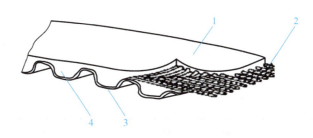

图6-3　同步带的结构

1—带背　2—强力层　3—包布层　4—带齿

强力层：它是带的抗拉元件，用来传递动力并保证带的节距不变，故多采用有较高抗拉强度、较小伸长率的材料制造，目前常用的材料有钢丝、尼龙、玻璃纤维等。

带齿与带背：带齿为啮合元件，带背用来连接带齿、强力层，并在工作中承受弯曲。因此，带齿与带背均要求有较好的抗剪切、抗弯曲能力及较高的耐磨性和弹性。目前常用的材料有氯丁橡胶、聚氨酯橡胶等。

包布层：在同步带齿面上覆盖着一层包布，以增加带齿的耐磨性及带的抗拉强度。其材料多为尼龙帆布、锦纶布等。

2）同步带的主要参数及规格。同步带的主要参数是带齿的节距 p_b，如图6-4所示。由于承载绳在工作时长度不变，所以承载绳的中心线被规定为同步带节线，并以节线长度 L_b 作为其公称长度。同步带上相邻两齿对应点沿节线度量的距离称为带的节距 p_b。

同步带有单面齿（仅一面有齿）和双面齿（两面都有齿）两种形式。双面齿又按齿排列的不同，分为DⅠ型（对称齿形）和DⅡ型（交错齿形），如图6-5所示。目前我国梯形齿同步带标准采用英制带节距，圆弧齿同步带采用公制带节距。国家标准GB/T

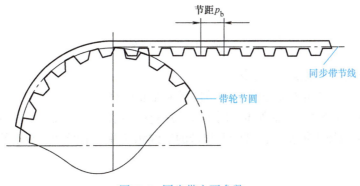

图6-4　同步带主要参数

11616—2013 对同步带型号、节距做了规定,将其分为 MXL(最轻型)、XXL(超轻型)、XL(特轻型)、L(轻型)、H(重型)、XH(特重型)和 XXH(超重型),见表 6-1。

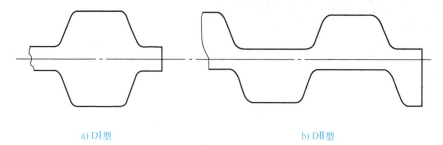

a) DⅠ型   b) DⅡ型

图 6-5 双面齿同步带类型

表 6-1 同步带的型号和节距

型 号	MXL	XXL	XL	L	H	XH	XXH
节距 p_b/mm	2.032	3.175	5.080	9.525	12.700	22.225	31.750

(2)同步带轮的结构及参数

1)同步带轮的结构及材料。同步带轮的结构如图 6-6a 所示。为防止工作带脱落,一般在小带轮两侧装有挡圈。带轮材料一般为铸铁或钢,高速、小功率时可采用塑料或铝合金。表 6-2 为小带轮许用最少齿数。

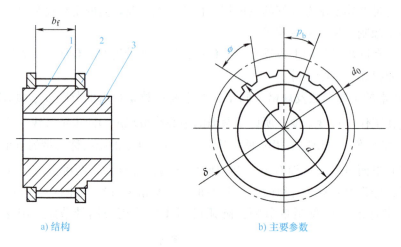

a) 结构   b) 主要参数

图 6-6 同步带轮结构及主要参数

1—齿圈 2—挡圈 3—轮毂

2)同步带轮的参数及尺寸规格

① 带轮齿数 z。带轮齿数和带轮的节距控制带轮的直径。

② 带轮节圆直径 d。如前所述,同步带上通过强力层中心、长度不发生变化的线为节线。而当同步带包绕于带轮时,带轮上与带的节线相切并与节线做纯滚动的圆称为带轮的节圆。

表 6-2 小带轮许用最少齿数

小带轮转速 $n_1/(\text{r/min})$	带 型 号						
	MXL (2.032)	XXL (3.175)	XL (5.080)	L (9.525)	H (12.700)	XH (22.225)	XXH (31.750)
900 以下	10	10	10	12	14	22	22
900~1200	12	12	10	12	16	24	24
1200~1800	14	14	12	14	18	26	26
1800~3600	16	16	12	16	20	30	—
3600~4800	18	18	15	18	22	—	—

③ 带轮节距 p_b。带轮齿数、带轮节圆直径与节距的关系为

$$d = zp_b/(2\pi) \tag{6-1}$$

式中，d 为带轮节圆直径（mm）；z 为带轮齿数；p_b 为带轮节距（mm）。

④ 带轮齿顶圆直径 d_0。其公式为

$$d_0 = d - 2\delta \tag{6-2}$$

式中，δ 为节顶距（mm），指带轮节圆至齿顶圆间的距离，对于相同节距的带轮，δ 作为常数给出。

⑤ 带轮宽度 b_f。带轮宽度见图 6-6a。为了防止工作过程中同步带与带轮脱离，一般在带轮上安装有挡圈。

(3) 同步带传动的设计计算

同步带传动的主要失效形式有三种：强力层的疲劳损坏、带齿剪断破坏、带齿面压馈与磨损。根据以上失效情况，同步带设计准则主要是使其具有较高的抗拉强度，以保证带具有一定的使用寿命。此外，在杂质、灰尘较多的工作条件下，还应对带齿做耐磨性计算。

同步带传动设计时一般需给定初始数据：名义传递功率 P_m，主、从动轮转速 n_1、n_2 或传动比 i，大体的空间位置、尺寸及工作条件等。

设计计算的内容包括：确定带的型号，节距 p_b，节线长度 L_p，带轮宽度 b_f，传动中心距 a，主动、从动带轮齿数 z_1、z_2，主动、从动带轮直径 d_1、d_2 等结构参数。

设计步骤如下：

1) 确定同步带传动的设计功率 P_d：

$$P_d = K_a P_m \tag{6-3}$$

式中，P_m 为名义传递功率；K_a 为工况系数，可由表 6-3 查得。

2) 选择带型并确定节距 p_b。根据设计功率 P_d 和小带轮转速 n_1，由相关设计手册中"同步带选型图"查取带的型号，再结合表 6-1 确定节距。为使传动平稳，提高带的柔性以及增加啮合齿数，节距应尽可能取小值。

表 6-3 同步带传动的工况系数

载荷性质		每天工作时间/h		
变化情况	瞬时峰值载荷/额定工作载荷	≤10	10~16	>16
平稳	100%	1.20	1.40	1.50
小	(100%,150%]	1.40	1.60	1.70
较大	(150%,250%]	1.60	1.70	1.85
很大	(250%,400%]	1.70	1.85	2.00
大而频繁	>400%	1.80	2.00	2.05

3）计算带轮齿数 z_1 和 z_2。由带的型号和小带轮转速 n_1 从表 6-2 中查取小带轮许用最少齿数 z_1，然后根据传动比确定大带轮齿数 z_2：

$$z_2 = iz_1 \tag{6-4}$$

4）计算带轮的节圆直径 d_1 和 d_2。

小带轮节圆直径：
$$d_1 = p_b z_1 / \pi \tag{6-5}$$

大带轮节圆直径：
$$d_2 = id_1 \tag{6-6}$$

5）验算带速 v。

同步带传动速度：
$$v = \pi d_1 n_1 / (60 \times 1000) \tag{6-7}$$

式中，v 为同步带传动速度（m/s）；d_1 为大带轮节圆直径（mm）；n_1 为小带轮转速（r/min）。

若带速过大，则容易引起带的疲劳破坏。通常对 MXL、XL、L 型号同步带取 $v_{max} = 40 \sim 50 \text{m/s}$，对 H 型号同步带取 $v_{max} = 35 \sim 40 \text{m/s}$，对 XH、XXH 型号同步带取 $v_{max} = 25 \sim 30 \text{m/s}$。

6）计算同步带节线长度 L_p。带节线长度可根据带围绕两轮的周长计算得出：

$$L_p = 2a\cos\phi + \pi(d_2 + d_1)/2 + \phi\pi(d_2 - d_1)/180° \tag{6-8}$$

式中，a 为带传动中心距，a 可按下列范围选取：

$$0.7(d_1 + d_2) < a < 2(d_1 + d_2) \tag{6-9}$$

$$\phi = \arcsin[(d_2 - d_1)/(2a)] \, (°) \tag{6-10}$$

L_p 计算出来之后，按国家标准圆整为标准节线长度。

7）计算同步带齿数 z_b：

$$z_b = L_b / p_b \tag{6-11}$$

8）计算精确中心距 a。当传动比 i 远离 1 时，中心距计算公式为

$$a = p_b(z_2 - z_1)/(2\pi\cos\theta) \tag{6-12}$$

式中，θ 可按 $\text{inv}\theta = \pi(z_b - z_2)/(z_2 - z_1)$ 求出，并查渐开线函数表获得。

当传动比 i 接近 1 时，中心距计算公式为

$$a = \{2L_p - \pi(d_2 - d_1) + \sqrt{[2L_p - \pi(d_2 - d_1)]^2 - 8(d_2 - d_1)^2}\}/8 \tag{6-13}$$

9）验算小带轮与带的啮合齿数 z_m：

$$z_m = \frac{z_1}{2} - \frac{p_b z_1}{2\pi a}(z_2 - z_1) \tag{6-14}$$

z_m 过小会引起带齿剪切、磨损，严重时还会造成打滑、跳齿，一般取 $z_m \geq 6$。如果计

算结果 $z_m < 6$,可通过以下方法增大 z_m 值:一是增大中心距 a;二是在带轮直径不变的情况下,采用小节距、增加小带轮齿数 z_1,使 $z_m \geq 6$。

10)确定同步带宽 b_s:

$$b_s \geq b_{s0}\left(\frac{P_d}{K_z P_0}\right)^{\frac{1}{1.14}} \quad (6-15)$$

式中,b_{s0} 为带的基准宽度,可由表 6-4 查得;P_0 为同步带基准额定功率,$P_0 = (F_n - mv^2)v/10^3$,F_n、m 可由表 6-4 查得;K_z 为啮合系数,当 $z_m \geq 6$ 时,$K_z = 1$,当 $z_m < 6$ 时,$K_z = 1 - 0.2 \times (6 - z_m)$。

表 6-4 节距制同步带基准宽度下的许用圆周力和单位质量

带型号	基准宽度 b_{s0}/mm	许用圆周力 F_n/N	单位质量 m/(kg/m)
MXL	6.4	27	0.007
XL	9.5	50.17	0.022
L	25.4	244.46	0.095
H	76.2	2100.85	0.448
XH	101.6	4048.90	1.484
XXH	127.0	6398.03	2.473

11)带的工作能力验算

$$P = (K_z K_W F_n - b_s m v^2 / b_{s0}) v / 1000 \quad (6-16)$$

式中,P 为同步带的额定功率;K_W 为宽度系数,$K_W = (b_s/b_{s0})^{1.14}$。所求得的带额定功率值应大于或等于带设计功率 P_d 的值。

6.3.2 齿轮传动

齿轮传动具有瞬时传动比不变、传动精度高、能承受重载、结构紧凑、摩擦力小和效

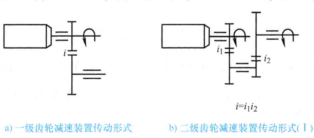

a)一级齿轮减速装置传动形式   b)二级齿轮减速装置传动形式(Ⅰ)

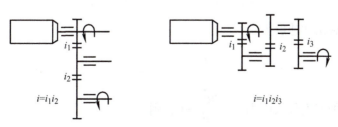

c)二级齿轮减速装置传动形式(Ⅱ)   d)三级齿轮减速装置传动形式

图 6-7 常用齿轮减速装置传动形式

率高等优点,在机电一体化产品中得到了广泛应用。常用的齿轮减速装置有一级、二级、三级等传动形式,如图 6-7 所示。齿轮传动机构作为机电产品伺服系统的一部分,为了获得高性能、高精度、高可靠性和低噪声的系统,除了进行一般的齿轮传动设计外,还要进一步研究其动力学性能。本书主要从动力学的观点来阐明齿轮传动系统总传动比的计算方法及各级传动比的分配方法。

1. 齿轮传动系统总传动比计算

齿轮传动比 i 应满足驱动部件与负载之间的位移、转矩及转速的匹配要求。伺服系统的齿轮减速器是一个力矩变换器,其输入为高转速、低转矩,而输出则为低转速、高转矩。因此,不但要求齿轮传动系统传递转矩时要有足够的刚度,还要求其转动惯量尽量小,以便在获得同一加速度时所需转矩小,即在同一驱动功率时,其加速度响应为最快。

首先把传动系统中的工作负载、惯性负载和摩擦负载折算成电动机转轴上的总负载,折算方法有峰值综合(非随机性负载,取各负载峰值的代数和)与方均根综合(随机性负载,取各负载的方均根)两种。由于工作条件不同,最佳传动比有不同的定义。对于伺服系统,通常按角加速度最大原则选择最佳传动比,下面以电动机-齿轮减速装置-负载系统计算模型(见图 6-8)为例,说明使负载角加速度最大的总传动比的计算方法。

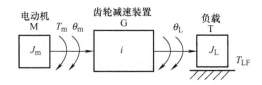

图 6-8 电动机-齿轮减速装置-负载系统计算模型

图 6-8 中,电动机 M 通过齿轮减速装置 G 驱动负载 T 运动,电动机转动惯量为 J_m、输出转矩为 T_m;齿轮减速装置传动比为 i;负载的转动惯量为 J_L,摩擦阻力矩为 T_{LF},其总传动比为

$$i = \theta_m/\theta_L = \dot{\theta}_m/\dot{\theta}_L = \ddot{\theta}_m/\ddot{\theta}_L > 1 \tag{6-17}$$

式中,θ_m、$\dot{\theta}_m$ 和 $\ddot{\theta}_m$ 分别为电动机的角位移(°)、角速度(°/s)和角加速度(°/s²);θ_L、$\dot{\theta}_L$ 和 $\ddot{\theta}_L$ 分别为负载的角位移(°)、角速度(°/s)和角加速度(°/s²)。

设系统加速转矩为 T_a,则

$$T_a = T_m - \frac{T_{LF}}{i} = \left(J_m + \frac{J_L}{i^2}\right) i \ddot{\theta}_L \tag{6-18}$$

整理后得负载角加速度为

$$\ddot{\theta}_L = i \frac{T_a}{J_m i^2 + J_L} \tag{6-19}$$

根据负载角加速度最大原则,令 $\dfrac{\partial \ddot{\theta}_L}{\partial i} = 0$,则

$$i = \frac{T_{LF}}{T_m} + \sqrt{\frac{T_{LF}}{T_m} + \frac{J_L}{J_m}} \tag{6-20}$$

若摩擦阻力矩 $T_{LF}=0$，则

$$i = \sqrt{J_L/J_m} \tag{6-21}$$

式（6-21）表明，齿轮传动系统总传动比取最佳值时，将负载转动惯量 J_L 换算到电动机转轴上的惯量恰好等于电动机转子惯量 J_m，这就能达到惯性负载和力矩源的最佳匹配。

2. 齿轮传动链级数及各级传动比的最佳分配原则

齿轮传动系统总传动比确定以后，接下来需要确定传动链级数，并分配各级传动比，各级传动比的连乘积应等于总传动比，即

$$i = i_1 i_2 i_3 \cdots i_n \tag{6-22}$$

式中，i_1，i_2，i_3，$\cdots$，i_n 为各级传动的传动比。

确定齿轮传动链的级数和分配各级传动比，可按照下面三个原则进行：

（1）重量最轻原则

对于小功率传动系统，使各级传动比 $i_1 = i_2 = i_3 = \cdots = \sqrt[n]{i}$，即可使传动装置的重量最轻。由于这个结论是在假定各主动小齿轮模数、齿数均相等的条件下导出的，故所有大齿轮的齿数、模数也相等，每级齿轮副的中心距离也相等。上述结论对于大功率传动系统是不适用的，因其传递转矩大，故要考虑齿轮模数、齿轮齿宽等参数逐级增加的情况，此时应根据经验、类比方法以及结构紧凑等要求进行综合考虑。各级传动比一般应按"先大后小"原则处理。

（2）输出轴转角误差最小原则

为了提高齿轮传动系统的传递运动精度，输入端至输出端之间的各级传动比应按先小后大原则分配，且要使最末两级的传动比尽可能大，以便降低齿轮的加工误差、安装误差以及回转误差对输出转角精度的影响。

设齿轮传动系统中各级齿轮的转角误差换算到末级输出轴上的总转角误差为 $\Delta\varphi_{max}$，则

$$\Delta\varphi_{max} = \sum_{k=1}^{n} \Delta\varphi_k / i_{kn} \tag{6-23}$$

式中，$\Delta\varphi_k$ 为第 k 个齿轮所产生的转角误差；i_{kn} 为第 k 个齿轮的转轴至第 n 个输出轴的传动比。

图 6-9 所示为四级齿轮传动系统，其传动比分别为 i_1、i_2、i_3、i_4，齿轮 1~8 的转角误差依次为 $\Delta\varphi_1 \sim \Delta\varphi_8$，则该传动系统在输出轴上的总转角误差为

$$\Delta\varphi_{max} = \frac{\Delta\varphi_1}{i_1 i_2 i_3 i_4} + \frac{\Delta\varphi_2 + \Delta\varphi_3}{i_2 i_3 i_4} + \frac{\Delta\varphi_4 + \Delta\varphi_5}{i_3 i_4} + \frac{\Delta\varphi_6 + \Delta\varphi_7}{i_4} + \Delta\varphi_8 \tag{6-24}$$

由此可见，该齿轮传动系统输出轴上的总转角误差主要取决于最末两级齿轮转角误差和传动比大小。这就要求末两级（或末级）传动比尽量大，并尽量提高末两级齿轮加工精度。

（3）等效转动惯量最小原则

对于伺服传动系统，往往要求其启动、停止和逆转快。当力矩一定时，转动惯量越

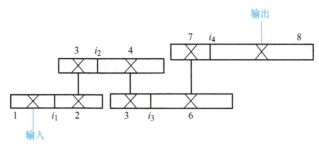

图 6-9 四级齿轮传动系统

小,角加速度越大,运转就越灵敏。这样可以使过渡过程短、响应快、启动功率小。因此可以按照等效转动惯量最小原则确定齿轮传动链级数和各级传动比。利用该原则所设计的齿轮传动系统,换算到电动机转轴上的等效转动惯量最小。

对于小功率传动装置,如图 6-10 所示两级传动齿轮系统,其总传动比 $i = i_1 i_2$,假定各主动小齿轮转动惯量相同,轴与轴承的转动惯量不计,各齿轮均近似看成实心圆柱体,齿宽和材料相同,效率不计,则

$$i_2 \approx i_1^2/\sqrt{2} \text{ 或 } i_1 \approx (\sqrt{2}i_2)^{1/2} \tag{6-25}$$

故

$$i_1 \approx (\sqrt{2}i_2)^{1/2} = (\sqrt{2}i)^{1/3} = (2i^2)^{1/6} \tag{6-26}$$

同理,对于 n 级齿轮传动系统来说,有

$$i_1 = 2^{\frac{2^n-n-1}{2(2^n-1)}} i^{\frac{1}{2^n-1}} \tag{6-27}$$

$$i_k = \sqrt{2}\left(\frac{i}{2^{n/2}}\right)^{\frac{2^{(k-1)}}{2^n-1}} \quad (k=2,3,\cdots,n) \tag{6-28}$$

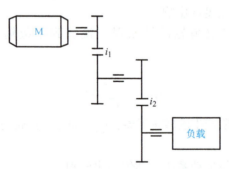

图 6-10 两级传动齿轮系统

按照折算转动惯量最小的原则确定齿轮传动系统级数和进行各级传动比的分配,从电动机到负载,各级传动比也是按"先小后大"次序分配的,而且级数越多,总折算的转动惯量越小。但是级数增加到一定值后,总的折算惯量并不显著减小,反而会增加积累齿隙和角度传动误差。另外还要注意,高速轴上的惯量对总折算惯量的影响最大。

对于大功率齿轮传动系统,由于传递转矩较大,各级齿轮副的模数、分度圆直径、齿宽等参数逐级增加,该原则就不适用了,虽然其计算公式不能通用,但其分配次序应符合"由小到大"的分配次序。

综上所述，在设计齿轮传动系统时，当考虑齿轮传动链的级数和传动比分配时，应根据上述三个原则并结合实际应用场合综合考虑，除了满足转动惯量、结构尺寸和传动精度以外，还要考虑其可行性和经济性，具体来说有下述几点：

1）对于以提高传动精度和减小转角误差为主的齿轮减速系，可按输出轴转角误差最小原则来处理。对于增速传动，由于增速时容易破坏传动，应在开始几级就增速。由于增速时容易破坏传动链工作的平稳性，要求每级增速传动比最好大于1∶3，这样既可增加齿轮系统的刚度和减小传动误差，也可减小末级转角误差对前几级的影响。

2）对于要求运转平稳、启停频繁和动态性能好的伺服齿轮传动减速系统，可按等效转动惯量最小和输出轴转角误差最小的原则来处理。对于变载的齿轮传动装置，各级传动比最好采用不可约的比数，避免同期啮合。

3）对于要求体积小、重量轻的齿轮传动链，可按重量最轻原则来处理。

4）对于大传动比齿轮传动链的设计，往往需要将定轴轮系和行星轮系巧妙地结合成混合轮系。若还要求传动精度高、功率大、效率高、传动平稳、体积小、重量轻等，这就需要综合运用上述原则，比较多种方案并择优确定。

3. 谐波齿轮传动

谐波齿轮传动与少齿差行星齿轮传动十分相似，但它是依靠柔性齿轮所产生的可控弹性变形波引起齿间相对滑移（错齿）来传递动力和运动，因此它与一般的齿轮传动有本质上的差别，在啮合理论、几何计算、强度计算和结构设计等方面具有其特殊性。

谐波齿轮传动具有结构简单、传动比大、传动精度高、回程误差小、噪声小、传动平稳、承载能力大、效率高、无须密封元件就可向密闭空间传递运动等优点，因此在许多机电一体化设备中的应用日益广泛。在我国，谐波传动减速器已经标准化（GB/T 14118—1993）。

（1）谐波齿轮传动的工作原理

谐波齿轮传动是利用机械波来工作的，如图6-11所示，谐波齿轮传动主要由波形发生器3、柔轮2和刚轮1组成。其中，波形发生器为主动件，柔轮和刚轮之一为从动件，另一则固定不动。柔轮为外齿轮、刚轮为内齿轮，其齿形为渐开线或三角形，柔轮和刚轮的齿距p相等而齿数不同，刚轮的齿数z_g比柔轮的齿数z_r多。

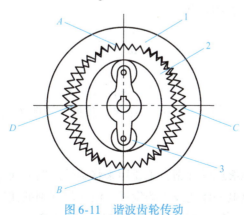

图6-11 谐波齿轮传动

1—刚轮 2—柔轮 3—波形发生器

在未装配前，柔轮为圆形。由于波形发生器的直径比柔轮内圆的直径略大，所以当波形发生器装入柔轮的内圆时，就将柔轮撑成椭圆形。工程上常用的波形发生器有两个触头，称为双波发生器（见图6-11），当然也有三个接触头的。对于双波发生器的谐波齿轮减速器，其刚轮与柔轮的齿数之差 $z_g - z_r = 2$。在椭圆长轴的两端（A、B 处），两轮的轮齿完全啮合；而在椭圆短轴的两端（C、D 处），两轮的轮齿完全分离；在长轴与短轴之间的区域上，处于过渡状态。当波形发生器顺时针转动一圈时，柔轮相对固定的刚轮逆时针转过两个齿，这样就把发生器的快速转动变为柔轮的慢速转动，获得很大的降速比。由于谐波齿轮采用了一部分柔性构件，传动时有多对齿啮合来传递载荷，故承载能力强。

（2）谐波齿轮传动的传动比

谐波齿轮传动是一种行星传动，其波形发生器相当于行星轮系的转臂，柔轮相当于行星轮，刚轮则相当于中心轮，所以谐波齿轮传动的传动比 i_{rg}^H 可以应用行星轮系求传动比的公式来计算，即

$$i_{rg}^H = \frac{\omega_r - \omega_H}{\omega_g - \omega_H} = \frac{z_g}{z_r} \tag{6-29}$$

式中，ω_r 为柔轮的角速度；ω_g 为刚轮的角速度；ω_H 为波形发生器的角速度。

1）当柔轮固定时，$\omega_r = 0$，则

$$i_{rg}^H = \frac{-\omega_H}{\omega_g - \omega_H} = \frac{z_g}{z_r} \tag{6-30}$$

$$\frac{\omega_g}{\omega_H} = 1 - \frac{z_r}{z_g} = \frac{z_g - z_r}{z_g} \tag{6-31}$$

$$i_{Hg} = \frac{\omega_H}{\omega_g} = \frac{z_g}{z_g - z_r} \tag{6-32}$$

式中，i_{rg}^H 为行星轮系传动比，上标 H 为行星轮系中的行星架，由于谐波齿轮传动在结构上即为行星轮系，故计算传动比时需有上标。当柔轮固定时，波形发生器为主动件，刚轮为从动件，此时传动比用 i_{Hg} 表示；当刚轮固定时，波形发生器为主动件，柔轮为从动件，传动比用 i_{Hr} 表示。

设 $z_r = 200$、$z_g = 202$，则 $i_{Hg} = 101$，结果为正值，说明刚轮与波形发生器转向相同。

2）当刚轮固定时，$\omega_g = 0$，则

$$1 - \frac{\omega_r}{\omega_H} = \frac{z_g}{z_r} \tag{6-33}$$

$$i_{Hr} = \frac{\omega_H}{\omega_r} = \frac{z_r}{z_r - z_g} \tag{6-34}$$

设 $z_r = 200$，$z_g = 202$，则 $i_{Hr} = -100$，结果为负值，说明柔轮与波形发生器转向相反。

6.3.3 滚珠丝杠副传动

滚珠丝杠螺母副简称滚珠丝杠副，主要用来将旋转运动变换为直线运动或将直线运动变换为旋转运动。随着机电一体化技术的发展，滚珠丝杠副的使用范围越来越广，目前我国有多家专业工厂按照国家专业标准 GB/T 17587.2—1998 规定的参数及 GB/T 7308—2008 所规定的精度组织生产，用户不必自行设计制造，可以根据使用工况选择某种结构

类型的滚珠丝杠副,再根据载荷、转速等条件选择合适的型号向有关厂家订货,这样可获得更佳的技术经济效果。

1. 滚珠丝杠副的工作原理及特点

滚珠丝杠副的结构如图 6-12 所示,螺母 1 和丝杠 2 上都有半圆弧形的螺旋槽,当它们安装在一起时便形成了滚珠的螺旋滚道 3。螺母上有滚珠回程引导装置 4,将几圈螺旋滚道的两端连接起来构成封闭的循环滚道,滚道内装满滚珠。丝杠转动时,滚珠在滚道内既自转又沿滚道转动,从而迫使螺母(丝杠)轴向移动。当滚珠沿滚道滚动数圈后,通过回程引导装置,逐个滚回到丝杠和螺母之间,形成闭合回路。

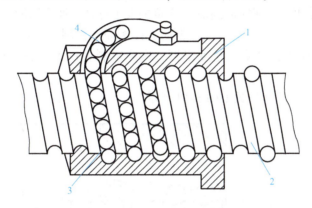

图 6-12 滚珠丝杠副的结构

1—螺母　2—丝杠　3—滚道　4—回程引导装置

滚珠丝杠副传动与滑动丝杠副、静压丝杠副传动相比,具有明显的优点:

(1) 传动效率高、摩擦损失小

一般滚珠丝杠副的传动效率可达 90% 以上,相当于普通滑动丝杠副的 3 倍左右,用较小的转矩就能获得较大的轴向推力,且功耗只有滑动丝杠副的 1/4~1/3。

(2) 传递具有可逆性

既可将回转运动转变成直线运动,又可将直线运动转变成回转运动,且逆传动效率同样高达 90% 以上。

(3) 传动精度高、刚度好

滚珠丝杠副属于精密机械传动机构,丝杠与螺母本身就具有较高的加工精度。可采用专门的设计完全消除轴向间隙,进一步保证了传动精度。适当的预紧力可提高轴向刚度。

(4) 运动平稳

滚动摩擦因数几乎与运动速度无关,动、静摩擦力之差极小,启动时无冲击,低速时无爬行现象,保证了运动的平稳性。

(5) 使用寿命长

经过淬硬的滚珠丝杠副表面硬度高,有较长的工作寿命,寿命是滑动丝杠副的 4~10 倍。

2. 滚珠丝杠副的精度及主要尺寸参数

我国滚珠丝杠副的精度标准先后修订了六次，目前采用的标准是 GB/T 17587.3—2017《滚珠丝杠副第 3 部分：验收条件和验收检验》。滚珠丝杠副的精度等级分为 0、1、2、3、4、5、7 和 10 八个等级，0 级精度最高，依次递减。标准中对各级精度的滚珠丝杠副行程偏差和变动量有多个检验项目的规定，如有效行程（有精度要求的行程长度）内的目标行程偏差 e_p、任意 300mm 行程内允许行程变动量 v_{300p}、任意 $2\pi \mathrm{rad}$ 内允许行程变动量 $v_{2\pi p}$（即丝杠轴回转一周时，对于任意旋转角，螺母在轴向前进的实测值与基准值的差）。

滚珠丝杠副的精度主要根据机床定位精度的要求选择。通常取滚珠丝杠允许的平均行程变动量占机床定位误差的 1/3～1/2，据此选择滚珠丝杠副的精度。就国内目前的实际制造水平，滚珠丝杠的长度受到精度限制。这个限制各厂家有自己的规定，选择时应注意。

滚珠丝杠副的主要尺寸参数如图 6-13 所示。

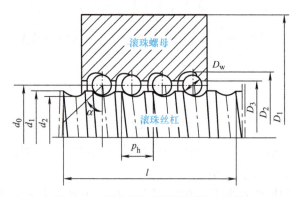

图 6-13 滚珠丝杠副的主要尺寸参数

1）公称直径 d_0：指滚珠与螺纹滚道在理论接触角状态时包络滚珠球心的圆柱直径。它是滚珠丝杠副的特征（或名义）尺寸。

2）基本导程 p_h：指丝杠相对于螺母旋转 $2\pi \mathrm{rad}$ 时，螺母上基准点的轴向位移。

3）行程 l：指丝杠相对于螺母旋转任意弧度时，螺母上基准点的轴向位移。

4）接触角 α：在螺纹滚道法向截面内，滚珠与滚道接触点的公法线和丝杆轴线的垂线间的夹角 α 称为接触角，一般取 $\alpha = 45°$。

5）滚珠直径 D_w：滚珠直径应根据轴承厂提供的尺寸选用。滚珠直径越大，则承载能力也越大。

6）滚珠工作圈数 j：试验结果表明，在每一个循环回路中，各圈滚珠所承受的负载是不均匀的，第一圈滚珠承受总负载的 50% 左右，第二圈承受约 30%，第三圈承受约 20%。因此滚珠丝杠副中的每个循环回路中滚珠工作圈数取 2.5～3.5 圈，工作圈数大于 3.5 圈无实际意义。

7）滚珠总数 N：一般滚珠总数不超过 150 个，若设计计算时超过规定的最大值，容易引起流通不畅产生堵塞现象。若出现这样的情况，可将单回路改为双回路或加大滚珠丝杠的公称直径。反之,若工作滚珠的总数 N 太少,将使得每个滚珠承受的负载加大,引起过大的弹性变形。

8)其他参数:除了上述参数外,滚珠丝杠副还有丝杠螺纹大径 d_1、螺纹小径 d_2、螺母大径 D_2、螺母小径 D_3、螺母外径 D_1 等参数。

3. 滚珠丝杠副传动的结构类型

滚珠丝杠副传动的结构类型有很多,其主要区别在于螺纹滚道法向截面形状、滚珠循环方式和消除轴向间隙调整预紧方式三个方面。

(1)螺纹滚道法向截面形状

螺纹滚道法向截面形状和尺寸是滚珠丝杠副最基本的结构特征,常见的有单圆弧和双圆弧两种,如图 6-14 所示。

单圆弧滚道如图 6-14a 所示,其加工用的砂轮成形比较简单,容易得到较高的加工精度。但接触角 α 随间隙及轴向载荷而变化,故传动效率、承载能力和轴向刚度等均不稳定。

双圆弧滚道如图 6-14b 所示,其接触角 α 在工作过程中基本保持不变,故效率、承载能力和轴向刚度比较稳定。滚道底部与滚珠不接触,其空隙可存一定的润滑油和脏物,以减小摩擦和磨损。因此,双圆弧滚道是目前普遍采用的滚道形状。

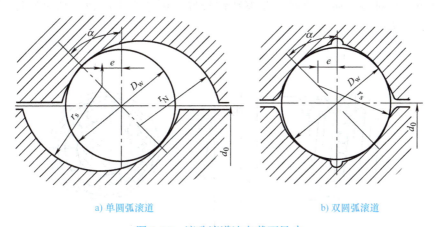

a)单圆弧滚道　　　　　　　　　　b)双圆弧滚道

图 6-14　滚珠滚道法向截面尺寸

(2)滚珠循环方式

按照滚珠在整个循环过程中与丝杆表面接触的情况,可分为内循环与外循环两种。

1)内循环。内循环方式滚珠循环的回路短、流畅性好、效率高,径向尺寸也小,其缺点是反向器加工困难,装配、调试也不容易。常用的内循环方式有两种,固定式内循环和浮动式内循环。

① 固定式内循环。代号为 G,其结构如图 6-15 所示,滚珠在循环的过程中始终与丝杆表面保持接触。在螺母 1 的侧孔内装有接通相邻滚道的反向器 3,利用反向器引导滚珠 2 越过丝杠 4 的螺纹顶部进入相邻滚道,形成一个循环回路。一般在同一螺母上装有 2~4 个反向器,反向器沿螺母周围方向均匀分布。

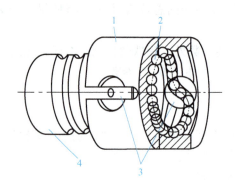

图 6-15　固定式内循环结构
1—螺母　2—滚珠　3—反向器　4—丝杠

② 浮动式内循环。代号为 F，其结构如图 6-16 所示。其结构特点是反向器 1 与滚珠螺母上的安装孔有 0.015~0.01mm 的配合间隙，并在反向器外圆弧面上车出对称圆弧槽，槽内安装拱形片簧 4，外有弹簧套 2 借助片簧的弹力，始终给反向器一个径向推力，使位于回珠槽内的滚珠始终与丝杠 3 表面保持一定的压力，从而使槽内滚珠代替了定位键而对反向器起到自定位作用。浮动反向器的优点是能够在高频浮动中实现回珠槽进出口的自动对接，通道流畅、摩擦特性较好，更适用于高速、高灵敏度和高刚度的精密进给系统。

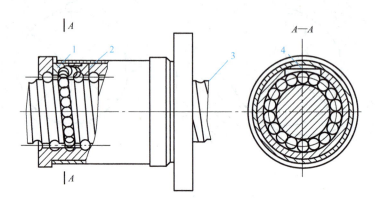

图 6-16　浮动式内循环结构
1—反向器　2—弹簧套　3—丝杠　4—拱形片簧

2) 外循环。滚珠在循环的过程中，有一段离开丝杠的表面，这种循环的方式称为外循环。按结构的不同，外循环可分为螺旋槽式、插管式和端盖式三种。

① 螺旋槽式外循环。代号为 L，结构如图 6-17 所示，在螺母的外圆柱面上铣出螺纹凹槽，在其两端钻出两个通孔分别与螺纹滚道相切，装入两个挡珠器 4，引导滚珠 3 通过这两个孔，同时用套筒或螺母的内表面盖住凹槽，构成滚珠的循环回路。螺旋槽式结构工艺简单，径向尺寸也小，缺点是挡珠器刚度差，容易磨损。

② 插管式外循环。代号为 C，结构如图 6-18 所示，插管式外循环用弯管 1 代替螺旋槽式外循环的凹槽，弯管的两端插入与螺纹滚道相切的两个孔内，用弯管的端部引导滚珠

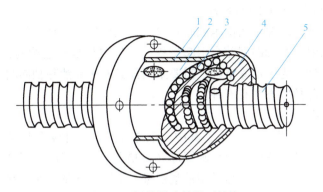

图 6-17　螺旋槽式外循环结构

1—套筒　2—螺母　3—滚珠　4—挡珠器　5—丝杠

4 进出弯管，构成滚珠循环回路，再用压板 2 和螺钉将弯管固定。插管式外循环结构简单、制造容易，但径向尺寸较大，同时用弯管端部作为挡珠器比较容易磨损。

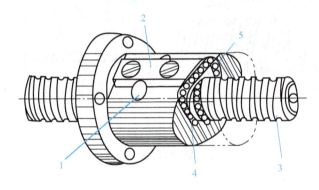

图 6-18　插管式外循环结构

1—弯管　2—压板　3—丝杠　4—滚珠　5—螺纹滚道

③ 端盖式外循环。代号为 D，结构如图 6-19 所示，在螺母 3 上钻有纵向通孔作为滚珠 2 的通道，在螺母两端的端盖 4 上铣出短槽与螺纹滚道和纵向通孔相切，引导滚珠进出通道构成滚珠循环回路。端盖式外循环结构紧凑、工艺性好，但当滚珠通过短槽时容易被卡住。

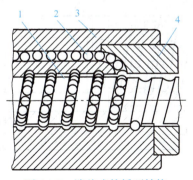

图 6-19　端盖式外循环结构

1—丝杠　2—滚珠　3—螺母　4—端盖

(3) 滚珠丝杠副轴向间隙预紧方法

滚珠丝杠副的轴向间隙是指由承载时在滚珠与滚道型面接触点间的弹性变形所引起的螺母位移量。换向时，其轴向间隙会引起空程，这种空程是非连续的，既影响传动精度，又影响系统的稳定性。为了消除空程，需要采用预紧方法来消除轴向间隙。

常用的轴向间隙预紧方法有五种：

(1) 双螺母螺纹预紧

双螺母螺纹预紧如图 6-20 所示，其中，滚珠螺母 3 的外端有凸缘，而螺母 4 的外端虽无凸缘，但制有螺纹，并通过两个圆螺母（调整螺母2）固定。调整时旋转圆螺母消除轴向间隙并产生一定的预紧力，然后用锁紧螺母 1 锁紧。预紧后两个螺母中的滚珠相向受力（见图 6-20b），从而消除轴向间隙。这种预紧方式的特点是结构简单、刚性高、预紧可靠，使用中调整方便，但不能精确定量地进行调整。

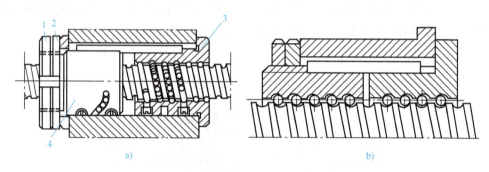

图 6-20　双螺母螺纹预紧

1—锁紧螺母　2—调整螺母　3—滚珠螺母　4—螺母

(2) 双螺母齿差预紧

双螺母齿差预紧如图 6-21 所示，在螺母 3 的凸缘上分别有齿数为 z_1、z_2 的齿轮，而 z_1、z_2 的齿轮与相应的内齿轮 2 相啮合，用螺钉和定位销固定在套筒 1 上。预紧时脱开内齿轮，使两个螺母同向转过相同的齿数，然后再合上内齿轮，两螺母的轴向相对位置发生变化，从而实现间隙的调整和施加预紧力。这种调整方式结构复杂，但调整准确可靠，精

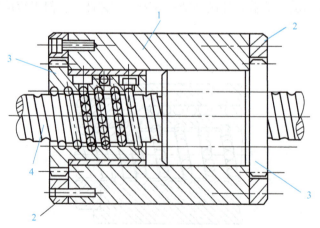

图 6-21　双螺母齿差预紧

1—套筒　2—内齿轮　3—螺母　4—丝杠

度较高，可进行精密微调（如 0.002mm）。

(3) 双螺母垫片预紧

双螺母垫片预紧如图 6-22 所示，调整垫片 1 的厚度，可使两螺母 2 产生相对位移，以达到消除间隙、产生预紧拉力的目的。这种预紧方式的特点是结构简单、刚度高、预紧可靠，但调整费时，且不能在工作中随意调整。

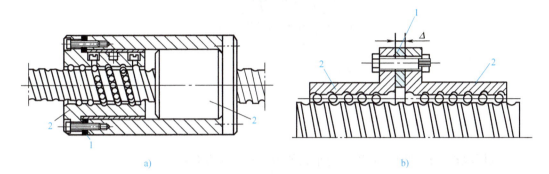

图 6-22 双螺母垫片预紧

1—垫片 2—螺母

(4) 弹簧式自动调整预紧

弹簧式自动调整预紧如图 6-23 所示，双螺母中，一个活动，另一个固定，用弹簧使两螺母间始终具有产生轴向位移的推动力，从而获得预紧力。其特点是能消除使用过程中因磨损或弹性变形产生的间隙，但其结构复杂、轴向刚度低，适用于轻载场合。

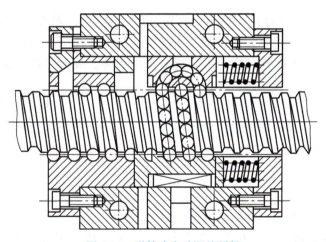

图 6-23 弹簧式自动调整预紧

(5) 单螺母变位导程自预紧

单螺母变位导程自预紧如图 6-24 所示。它是在滚珠螺母体内的两列循环滚珠链之间，为内螺纹滚道在轴向制作一个导程突变量 Δp_h，从而使两列滚珠产生轴向错位而实现预紧。预紧力的大小取决于 Δp_h 和单列滚珠的径向间隙。其特点是结构简单、紧凑，但使用中不能调整，且制造困难。

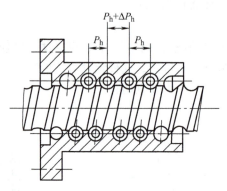

图 6-24 单螺母变位导程自预紧

4. 滚珠丝杠副的选用

在选用滚珠丝杠副时，必须进行承载能力计算，主要包括强度计算、刚度校核、稳定性校核及临界转速校核。

对于传递转矩大、传动精度高的滚珠丝杠副，应校核其刚度，即验算滚珠丝杠副满载时的变形量；对于细长受压的滚珠丝杠副，应核算其压杆稳定性，即在给定的支承条件下承受最大轴向压缩载荷时，是否会产生纵向弯曲；对于转速较高、支承距离较大的滚珠丝杠副，应核算其临界转速，即核算其最高转速是否接近其横向固有频率而产生共振；当丝杠工作转速低于 100r/min 时无须核算。

(1) 强度计算

滚珠丝杠副的强度计算是为了防止疲劳点蚀。滚珠丝杠副所受到的轴向负载会使滚珠在滚道型面上某一点产生交变接触，在接触应力的作用下，经过一定的循环次数后滚珠或滚道型面会产生疲劳剥伤，形成疲劳点蚀破坏。疲劳点蚀是滚珠丝杠副破坏的主要形式。

一般情况下，滚珠丝杠副的强度条件是当量动载荷 C_m（工作中滚珠丝杠副的最大动载荷）应小于所选用的滚珠丝杠副的额定动载荷 C_a，即 $C_a \geq C_m$。滚珠丝杠副的当量动载荷 C_m 为

$$C_m = \frac{\sqrt[3]{L} F_m f_w}{f_a} \tag{6-35}$$

式中，F_m 为轴向平均载荷（N），一般取 $F_m = (2F_{max} + F_{min})/3$，$F_{max}$、$F_{min}$ 为丝杠的最大、最小轴向工作载荷（N）；L 为工作寿命，$L = 60nT/10^6$，T 为使用寿命（h），一般机床可取 $T = 1000h$，数控机床可取 $T = 1500h$，n 为平均转速（r/min），$n = (n_{max} + n_{min})/2$；$f_w$ 为运转状态系数，无冲击时取 1~1.2，中等冲击时取 1.2~1.5，较大冲击振动时取 1.5~2.5；f_a 为精度系数，1、2、3 级丝杠 $f_a = 1$，4、5、6 级丝杠 $f_a = 0.9$。

对于低速运转（$n \leq 10r/min$）的滚珠丝杠，塑性变形是主要破坏形式，一般允许其塑性变形量不超过滚珠直径 d_b 的 1/10000，临界负载称为额定静载荷 C_{0a}。低速运转的滚珠丝杠副无须计算当量动载荷 C_m，只考虑使最大静负载 $C_0 < C_{0a}$ 即可。最大静负载 C_0 为

$$C_0 = f_z F_{max} \tag{6-36}$$

式中，F_{max} 为丝杠的最大轴向工作载荷（N）；f_z 为静态安全系数，一般运转时，$f_z=1\sim2$，有冲击或振动时 $f_z=2\sim3$。

（2）刚度校核

丝杠在轴向力作用下，将产生伸长或缩短，在转矩作用下将产生扭转而引起丝杠导程的变化，从而影响传动精度及定位精度，故应验算满载时的变形量。验算公式如下：滚珠丝杠在工作负载 F 和转矩 M 的共同作用下，所引起的每一导程的变形量为

$$\Delta L = \pm \frac{Fl_0}{ES} \pm \frac{Ml_0^2}{2\pi IE} \tag{6-37}$$

式中，E 为丝杠材料的弹性模量（MPa），对于钢，$E=2.1\times10^5$ MPa；S 为丝杠的最小截面面积（mm²）；M 为转矩（N·mm）；I 为丝杠小径的截面惯性矩（mm⁴）；l_0 为基本导程（mm）；ΔL 为变形量（mm），"＋"用于拉伸，"－"用于压缩。

（3）稳定性校核

$$F_k = \frac{f_k \pi^2 EI}{Kl_s^2} \geqslant F_{max} \tag{6-38}$$

式中，F_k 为实际承受载荷的能力（N）；f_k 为压杆稳定的支承系数（双推-双推时为4，单推-单推时为1，双推-简支时为2，双推-自由式时为0.25）；E 为丝杠材料的弹性模量（MPa），对于钢，$E=2.1\times10^5$ MPa；I 为丝杠小径的截面惯性矩（mm⁴）；l_s 为丝杠螺纹长度（mm）；K 为压杆稳定性安全系数，一般取 $2.5\sim4$，垂直安装时取小值。

（4）临界转速校核

$$n_c = \frac{f_k d_2}{l_c^2} \times 10^7 \tag{6-39}$$

式中，n_c 为临界转速（r/min）；d_2 为丝杠螺纹小径（mm）；l_c 为螺母运动到极限工作位置时，丝杠轴承支点到螺母中点的距离（mm）。

综上所述，在一般情况下，设计选用滚珠丝杠时，必须知道下列条件：

1）最大轴向工作载荷 F_{max}（或轴向平均载荷 F_m）作用下的使用寿命 T。

2）丝杠的工作长度（或螺母的有效行程），丝杠的转速 n（或平均转速 n_m）。

3）滚道的硬度（HRC）值及丝杠的运转情况。

根据以上条件，按下列步骤进行设计：

1）计算出作用在滚珠丝杠上的当量动载荷 C_m 的数值。

2）从滚珠丝杠系列表（或产品样本）中找出大于当量动载荷 C_m 并与其相近的额定动载荷 C_a 值，同时考虑刚度要求，初选滚珠丝杠副的型号和有关参数。

3）根据具体工作类型（定位型或传动型）、传动精度、符号传动速度、循环方式、预紧方法及结构特征等方面的要求，从初选的几个型号中再挑选出比较合适的公称直径 d_0、基本导程 p_h、负荷滚珠圈数 j、列数 K 等最终确定某一型号，在允许的情况下，螺纹长度 l_s 要尽量短，一般以 $l_s/d_0\leqslant30$ 为宜。

4）根据所选出的型号，列出（或算出）其主要参数的数值，验算其刚度及稳定性等是否满足要求。如不满足要求，则需另选其他型号，再做上述的计算和验算，直至满足要求。

本 章 小 结

1. 传动的方式有机械传动、液压传动、气压传动、电气传动。最常用的传动方式为机械传动。机械传动系统是指把动力机产生的机械能传送到执行机构中去的中间装置，设计时，需要考虑传动精度、响应速度和稳定性等指标。本章介绍的机械传动形式包括带传动、齿轮传动、滚珠丝杠螺母副（滚珠丝杠副）传动。

2. 带传动可分为摩擦型和啮合型两大类，本章重点介绍啮合型带传动——同步带传动。同步带由带背、强力层、包布层、带齿组成，同步带的主要参数是带齿的节距，其型号和节距由国家标准 GB/T 11616—2013 规定。同步带轮参数包括带轮齿数、带轮节圆直径、带轮节距、带轮齿顶圆直径、带轮宽度。同步带传动设计时一般需给定初始数据：传递的名义功率，主、从动轮转速或传动比，大体的空间位置、尺寸及工作条件等。设计计算内容包括：确定带的型号，节距，节线长度，带宽，传动中心距以及主动、从动带轮齿数，主动、从动带轮直径等结构参数。

3. 齿轮传动具有瞬时传动比不变、传动精度高、能承受重载、结构紧凑、摩擦力小和效率高等优点。本书主要从动力学的观点来阐明齿轮传动系统总传动比的计算方法及各级传动比的分配方法，对于伺服系统，通常采用角加速度最大原则选择最佳总传动比，齿轮传动系统总传动比确定以后，接下来需要确定传动级数，并分配各级传动比，各级传动比的连乘积应等于总传动比，确定齿轮传动链的级数和分配各级传动比，可按照下面三个原则进行：①重量最轻原则；②输出轴转角误差最小原则；③等效转动惯量最小原则。

4. 谐波齿轮传动具有结构简单、传动比大、传动精度高、回程误差小、噪声小、传动平稳、承载能力大、效率高等优点。谐波齿轮传动是利用机械波来工作的，主要由波形发生器、柔轮和刚轮组成，其中波形发生器为主动件，柔轮和刚轮之一为从动件，另一则固定不动。谐波齿轮传动是一种行星传动，其波形发生器相当于行星轮系的转臂，柔轮相当于行星轮，刚轮则相当于中心轮，所以谐波齿轮传动的传动比可以应用行星轮系求传动比的公式来计算。

5. 滚珠丝杠螺母副简称滚珠丝杠副，主要用来将旋转运动变换为直线运动或将直线运动变换为旋转运动。滚珠丝杠副的精度等级分为 0、1、2、3、4、5、7 和 10 八个等级，0 级精度最高，依次递减。滚珠丝杠副的主要尺寸参数包括公称直径、基本导程、行程、接触角、滚珠直径、滚珠工作圈数、滚珠总数。滚珠丝杠副传动的结构类型很多，其主要区别在于螺纹滚道法向截面形状、滚珠循环方式和消除轴向间隙调整预紧方式三个方面。螺纹滚道法向截面形状分为单圆弧和双圆弧两种；滚珠循环方式分为内循环与外循环两种，其中内循环可分为固定式内循环和浮动式内循环两种，外循环可分为螺旋槽式、插管式和端盖式三种；消除轴向间隙调整预紧方式分为双螺母螺纹预紧、双螺母齿差预紧、双螺母垫片预紧、弹簧式自动调整预紧、单螺母变位导程自预紧。在选用滚珠丝杠副时，必须进行承载能力计算，主要包括强度计算、刚度校核、稳定性校核及临界转速校核。

习题与思考题

1. 传动的方式有哪些？
2. 在设计传动系统时，需要考虑哪些方面的问题？
3. 同步带由哪几部分构成？
4. 同步带设计计算内容包括哪些？
5. 在设计齿轮传动系统时，传动比分配原则有哪些？
6. 简述谐波齿轮传动工作原理。
7. 滚珠丝杠副轴向间隙对传动有什么影响？采用哪些方法可以消除轴向间隙？
8. 常用的轴向间隙预紧方式有哪些？请列举。

第7章

工业机器人概述

> **学习要求**
> 1. 理解机器人的定义。
> 2. 了解常见的机器人。
> 3. 知道目前国内外比较著名的几家工业机器人厂商。
> 4. 理解工业机器人的基本组成与基本工作原理。
> 5. 了解工业机器人的基本特点。
> 6. 了解工业机器人的三大关键组成。
> 7. 理解工业机器人的主要技术参数。
> 8. 了解工业机器人的坐标系和示教编程基本步骤。

自古以来,人类就梦想制造可以自动运行的机器,代替人工作。自20世纪60年代初发明了现代意义的机器人以来,经过60年的发展,已经取得了实质性的进步和成果。今天,让机器人代替人工作的梦想已经在很多行业中实现了,特别近几年来,随着工业机器人应用技术发展成熟、成本降低,工业机器人应用越来越广泛,工业机器人已经成为最重要的机电一体化产品之一。本章将对机器人的定义、工业机器人的基本工作原理、特点、关键组成、主要技术参数、坐标系及编程等做一个概述性的介绍。

7.1 机器人的定义

国内外关于机器人的定义主要有以下几种。

日本工业机器人协会对机器人的定义是:机器人是一种用于移动各种材料、零件、工具或专用装置,通过可编程序动作来执行各种任务并具有编程能力的多功能机械手。这个定义实际上针对了当前应用最广的工业机器人。

我国科学家对机器人的定义是:机器人是一种自动化的机器,所不同的是这种机器具备一些与人或生物相似的智能能力,如感知能力、规划能力、动作能力和协同能力,是一种具有高级灵活性的自动化机器。

第7章 工业机器人概述

根据机器人应用环境不同,可以将机器人分为两大类,即工业机器人和特种机器人。工业机器人是面向工业领域的多关节机械手或多自由度的机器人;特种机器人则是除工业机器人之外的、用于非制造业并服务于人类的各种先进机器人,包括服务机器人、水下机器人、娱乐机器人、军用机器人、农业机器人、机器人化机器等。图7-1 所示为各式各样的机器人实物。

7.2 工业机器人

工业机器人是面向生产加工的一类机器人,目前已经大量应用在各行各业。工业机器人的机身有多种结构,典型的有直角坐标式、圆柱坐标式、球坐标式、平面多关节式、垂直多关节式、并联闭环式等,其中数量最多的是如图7-1a、b所示的仿人手关节结构的六轴串联机器人和六轴并联机器人。串联机器人研究得较为成熟,具有结构简单、成本低、控制简单、运动空间大等优点,已成功应用于多个领域,如各种机床上下料、车间装配、搬运、喷漆等。并联机器人具有刚度大、承载能力强、精度高、末端件惯性小等优点,在高速、大承载能力的场合,与串联机器人相比具有明显优势。

目前,国际上工业机器人厂商主要分为日系和欧系。日系厂商主要有发那科(FANUC)、安川(YASKAWA)、爱普生(DENSOEPSON)和松下(Panasonic)等;欧系主要有瑞士ABB、德国库卡(KUKA)、意大利柯马(COMAU)等。国内比较著名的厂商有广州数控(GSK)、南京埃斯顿、沈阳新松等。其中,发那科、ABB、安川和库卡的机器人由于技术先进、市场份额大、性价比高等因素,被称为工业机器人的"四大家族"。

7.2.1 工业机器人的基本工作原理

如图7-2所示,工业机器人由控制柜、示教器和机械本体组成。控制柜安装有电源、伺服驱动器、计算机主板等电路;示教器是人机界面,提供了示教、程序编写、存储、调试、运行的操作界面;机械本体主要由伺服电动机、精密减速器、机械臂等组成。工业机器人运行的信息流程如图7-3所示。操作示教器(或执行机器人程序)发出运动指令,计算机调用运动控制器指令给伺服驱动器发送伺服信号,伺服驱动器驱动伺服电动机运转,通过减速器带动各轴连杆动作,形成运行轨迹。

7.2.2 工业机器人的特点

自20世纪60年代初第一代工业机器人问世以来,工业机器人的研制和应用有了飞速的发展,工业机器人一般具有下列几个显著的特点:

(1) 可编程

生产自动化的进一步发展是柔性自动化。工业机器人可随其工作环境变化的需要而再编程,因此它在小批量、多品种、具有均衡高效率的柔性制造过程中能发挥很好的功用,是柔性制造系统(FMS)中的一个重要组成部分。

(2) 拟人化

工业机器人在机械结构上有类似人的腿部、腰部、大臂、小臂、手腕、手爪等部分,计算机控制类似人脑。此外,智能化工业机器人还有许多类似人的"生物传感器",如皮

a) 串联工业机器人   b) 并联工业机器人

c) 水下机器人   d) 扫地机器人

e) 消防机器人   f) 军用机器人

g) 服务机器人   h) 排爆机器人

图 7-1　各式各样的机器人实物

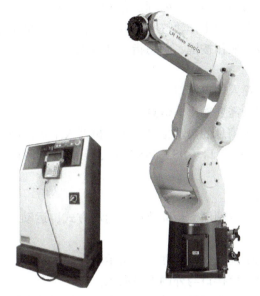

图 7-2　典型工业机器人

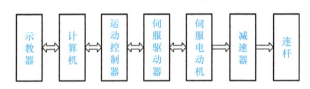

图 7-3　工业机器人运行的信息流程

肤型接触传感器、力传感器、负载传感器、视觉传感器、声觉传感器、语言功能等。传感器提高了工业机器人对周围环境的自适应能力。

（3）通用性

除了专门设计的专用工业机器人外，一般工业机器人在执行不同的作业任务时具有较好的通用性。例如，更换工业机器人手部末端操作器（手爪、工具等）便可执行不同的作业任务。

（4）机电一体化

工业机器人技术涉及的学科相当广泛，但是归纳起来是机械学和微电子技术的结合，即机电一体化技术。

7.2.3　工业机器人的关键组成

1. 控制系统

控制系统是工业机器人的"大脑"，负责发布和传递动作指令，其包括硬件和软件两部分：硬件主要指工业控制板卡，包括 CPU 主控单元、信号处理、网络通信部分等电路；软件部分主要是操作系统、控制算法和二次开发等。

控制系统包含如下组成：

1）控制计算机：一般为微型机，处理器有32位、64位。
2）示教器：示教机器人的工作轨迹和参数设定，实现人机交互操作。
3）操作面板：由各种操作按键、状态指示灯构成。
4）存储器。
5）数字量和模拟量输入输出接口。
6）打印机接口：记录需要输出的信息。
7）传感器接口：用于信息的自动检测，实现机器人柔顺控制。
8）通信接口；RS‐232接口、RS‐485接口、工业以太网接口、DeviceNet等多种现场总线接口。

控制系统主要功能有：
1）记忆功能：存储作业顺序、运动轨迹、运动方式、运动速度以及和生产工艺有关的信息。
2）示教功能：离线编程、在线示教、间接示教。
3）通信功能：通过通信接口与外围设备联系。
4）坐标设置功能：一般有世界、关节、用户、工具四种坐标系。
5）人机交互功能：示教盒、操作面板、显示屏。
6）检测功能。
7）故障诊断、安全保护功能：运行时系统状态监视、故障状态下的安全保护和故障自诊断。

2. 伺服系统

伺服系统是工业机器人主要的动力来源，主要由伺服电动机、伺服驱动器和编码器三部分组成。伺服有"跟随"的含义，指按照指令信号做出位置、速度或转矩的跟随控制。对于工业机器人来说，其特殊功能在于通过控制器发出运动指令后按轨迹要求移动端部位置。因此，伺服系统是非常重要的技术基础。工业机器人对伺服系统的严格要求体现在：
1）快速响应性：伺服系统的灵敏性越高，快速响应性能越好。
2）起动转矩惯量比大：在驱动负载的情况下，要求机器人的伺服电动机起动转矩大、转动惯量小。
3）控制特性的连续性和直线性：要求随着控制信号的变化，电动机的转速能连续变化，即有连续性要求；有时还需转速与控制信号成正比或近似成正比，调速范围宽，即有直线性要求。
4）体积小、质量小、轴向尺寸短：以配合机器人的体形。
5）能经受住苛刻的运行条件：可进行十分频繁的正反向和加减速运行，并能在短时间内承受数倍过载。

工业机器人使用的伺服系统有交流电动机伺服系统、直流电动机伺服系统和步进电动机伺服系统，其中交流伺服驱动器因其具有转矩转动惯量比大、无电刷及换向火花等优点，在工业机器人中得到广泛应用。

3. 精密减速器

减速器是连接动力源和执行机构之间的中间装置，通常它把电动机、内燃机等高速运转设备的动力通过输入轴上的小齿轮啮合输出轴上的大齿轮来达到减速的目的，并传递更大的转矩。为了让工业机器人达到较高的定位精度和重复定位精度，并且输出更高的转矩，通常会使用精密减速器。精密减速器是工业机器人的核心零部件之一，成本占到整机的30%以上。目前工业机器人主要使用两种减速器：谐波齿轮减速器和RV减速器，如图7-4所示。

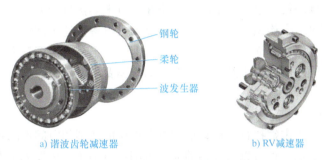

a) 谐波齿轮减速器　　　　b) RV减速器

图 7-4　工业机器人常用精密减速器

谐波齿轮减速器如图7-4a所示，由波发生器、柔轮和钢轮组成，依靠波发生器使柔轮产生可控弹性变形，并靠柔轮与钢轮啮合来传递运动和动力。谐波传动具有运动精度高、传动比大、质量小、体积小、传动惯量小等优点。最重要的是能在密闭空间传递运动，这一点是其他任何机械传动无法实现的。其缺点是在谐波齿轮传动中柔轮每转发生两次椭圆变形，容易引起材料疲劳损坏，损耗功率大，另外不具有自锁功能。

图 7-4b 所示为 RV 减速器，它由一个行星齿轮减速机的前级和一个摆线针轮减速机的后级组成。RV 传动是新兴的一种传动形式，它是在传统针摆行星传动的基础上发展出来的，不仅克服了一般针摆传动的缺点，而且因为具有体积小、重量轻、传动比范围大、抗冲击力强、转矩大、寿命长、定位精度高、精度保持稳定、效率高、传动平稳等一系列优点，被广泛应用于工业机器人、机床、医疗检测设备、卫星接收系统等领域。相比机器人中常用的谐波齿轮减速器，具有高得多的疲劳强度、刚度和寿命，而且回差精度稳定，不像谐波传动那样随着使用时间增长运动精度就会显著降低。在关节型机器人中，一般将 RV 减速器放置在机座、大臂、肩部等重负载的位置，而将谐波齿轮减速器放置在小臂、腕部或手部。另外，世界上许多国家高精度机器人传动多采用 RV 减速器，RV 减速器在先进机器人传动中有逐渐取代谐波齿轮减速器的发展趋势。

7.2.4　工业机器人的主要技术参数

要设计、选择、应用工业机器人时必须考虑它的技术参数，技术参数是其工作性能和适用范围的反映。机器人的主要技术参数有自由度、工作空间、工作精度、最大工作速度、工作负载和分辨率等。

(1) 自由度

自由度是指机器人所具有的独立坐标轴运动的数目，即机器人机构能够独立运动的关节数目。对于机器人手爪（或末端执行器）的开合，不算一个自由度，也有文献将其计为 0.5 个自由度。自由度反映了机器人动作的灵活性，自由度越多，灵活性越高。在三维空间中表述一个物体的位置和姿态需要 6 个自由度，故通用工业机器人以 6 个自由度居多，但是工业机器人的自由度是根据用途设计的，可能小于 6 个，也可能大于 6 个。6 个自由度是具有完成空间定位能力的最小自由度数，多于 6 个自由度的机器人，统一称为冗余自由度机器人。

对于 6 个自由度的机械手，在空间中无法在保持末端执行器的三维位置不变的情况下从一个构型变换到另一个构型。冗余自由度机器人可以解决这个问题，故其在避障、克服奇异点、灵活性和容错性方面具有更多的优势。但是并不是自由度越多就越好，自由度越多，结构越复杂，同时刚性会下降，对机器人的整体要求就越高，这是机器人设计中的一个矛盾。

(2) 工作空间

工作空间是机器人末端执行器运动描述参考点所能达到的空间点的集合，一般用水平面和垂直面的投影表示，也可以用各轴的动作范围进行描述。机器人工作空间的形状和大小是十分重要的，机器人在执行某作业时可能会因为存在手部不能到达的作业死区（Dead Zone）而不能完成任务。

(3) 工作精度

机器人的工作精度主要指定位精度和重复定位精度。定位精度也称绝对精度，是指机器人末端执行器实际位置和目标位置之间的偏差，由机械误差、控制算法与系统分辨率等部分组成。重复定位精度是指在同一环境、同一条件、同一目标动作、同一命令下，机器人连续重复运动若干次时，其位置的分散情况，是关于精度的统计数据。

工业机器人具有<u>绝对精度低、重复定位精度高</u>的特点。一般而言，机器人的绝对精度要比重复定位精度低 1~2 个数量级，造成这种情况的原因主要是机器人控制器根据机器人的运动学模型来确定机器人末端执行器的位置，而这个理论上的模型与实际机器人的真实位置存在一定误差。大多数商品化工业机器人都是以示教再现方式工作的，由于重复定位精度高，示教再现方式可以使机器人很好地工作。而对于其他编程方式（如离线编程方式）的机器人来说，这时机器人的绝对精度就成为关键指标。

(4) 最大工作速度

最大工作速度通常指机器人手臂末端的最大速度，工作速度直接影响到工作效率，提高工作速度可以提高工作效率，所以机器人的加减速能力显得尤为重要，需要保证机器人加减速的平稳性。

(5) 工作负载

有效负载是指机器人在其工作空间可以携带的最大负载。有效负载不仅指负载重量，也包括末端执行器的重量。有效负载跟机器人运行速度和加速度的大小和方向有关，为保证安全，将有效负载确定为高速运动时的工作负载。

对于不同厂家、不同型号规格的机器人，其技术参数均可通过生产厂商的技术手册查询。表 7-1 列出了发那科 M-710iC 系列机器人的技术参数。

表 7-1　发那科 M-710iC 系列机器人的技术参数

			M-710iC/50	M-710iC/70	M-710iC/50H
机构			多关节型工业机器人		
控制轴数			6 轴（J1，J2，J3，J4，J5，J6）		5 轴（J1，J2，J3，J4，J5）
安装方式			地面安装，顶棚安装（倾斜角）		地面安装，顶棚安装
动作范围	J1 轴	上限	180°（3.14rad）	180°（3.14rad）	180°（3.14rad）
		下限	-180°（-3.14rad）	-180°（-3.14rad）	-180°（-3.14rad）
	J2 轴	上限	135°（2.35rad）	135°（2.35rad）	135°（2.35rad）
		下限	-90°（-1.57rad）	-90°（-1.57rad）	-90°（-1.57rad）
	J3 轴	上限	280°（4.88rad）	280°（4.88rad）	280°（4.88rad）
		下限	-160°（-2.79rad）	-160°（-2.79rad）	-160°（-2.79rad）
	J4 轴	上限	160°（6.28rad）	360°（6.28rad）	117°（2.04rad）
		下限	-360°（-6.28rad）	-360°（-6.28rad）	-117°（-2.04rad）
	J5 轴	上限	125°（2.18rad）	125°（2.18rad）	360°（6.28rad）
		下限	-125°（-2.18rad）	-125°（-2.18rad）	-360°（-6.28rad）
	J6 轴	上限	360°（6.28rad）	360°（6.28rad）	/
		下限	-360°（-6.28rad）	-360°（-6.28rad）	/
最大动作速度	J1 轴		175°/s（3.05rad/s）	160°/s（2.79rad/s）	175°/s（3.05rad/s）
	J2 轴		175°/s（3.05rad/s）	120°/s（2.09rad/s）	175°/s（3.05rad/s）
	J3 轴		175°/s（3.05rad/s）	120°/s（2.09rad/s）	175°/s（3.05rad/s）
	J4 轴		250°/s（4.36rad/s）	225°/s（3.93rad/s）	175°/s（3.05rad/s）
	J5 轴		250°/s（4.36rad/s）	225°/s（3.93rad/s）	720°/s（12.57rad/s）
	J6 轴		355°/s（6.20rad/s）	225°/s（3.93rad/s）	/
可搬运重量	手腕部		50kg	70kg	50kg
	J3 外壳上		15kg	15kg	15kg
手腕部允许负载力矩	J4		206N·m（21kgf·m）	294N·m（30kgf·m）	150N·m（15.3kgf·m）
	J5		206N·m（21kgf·m）	294N·m（30kgf·m）	68N·m（6.9kgf·m）
	J6		127N·m（13kgf·m）	147N·m（15kgf·m）	/
手腕部允许负载转动惯量	J4		28kg·m²（286kgf·cm·s²）	28kg·m²（286kgf·cm·s²）	6.3kg·m²（64.3kgf·cm·s²）
	J5		28kg·m²（286kgf·cm·s²）	28kg·m²（286kgf·cm·s²）	2.5kg·m²（25.5kgf·cm·s²）
	J6		11kg·m²（112kgf·cm·s²）	11kg·m²（112kgf·cm·s²）	/
驱动方式			使用 AC 伺服电动机进行电气伺服驱动		
重复定位精度			±0.07mm	±0.07mm	±0.15mm
机器人质量			560kg	560kg	540kg
噪声			71.3dB		

7.2.5 工业机器人的坐标系

工业机器人是一种特殊的自动化设备,它跟 PLC 都具有逻辑运算、数学运算、I/O 控制、流程控制等功能,但工业机器人还多了运动功能。为了描述机器人的位姿,必须要定义一个参考坐标系,所有静止或运动的物体就可以统一在同一个参考坐标系中进行比较了。工业机器人常用的坐标系有世界坐标系、关节坐标系、用户坐标系、工具坐标系等,如图 7-5 所示。

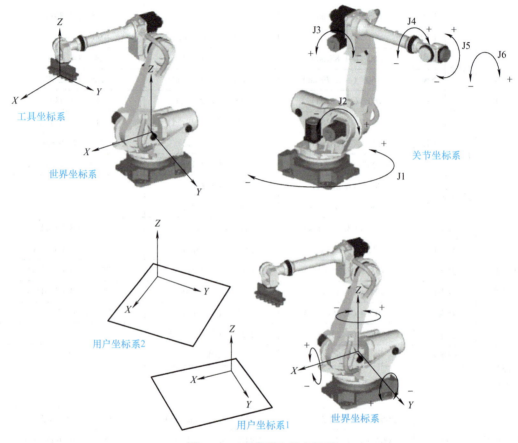

图 7-5 工业机器人的坐标系

(1) 世界坐标系

世界坐标系是固定在空间上的标准直角坐标系,其被固定在由机器人事先确定的位置上,通常位于操作臂的基座上。

(2) 关节坐标系

关节坐标系是设定在机器人关节中的坐标系,关节坐标系中机器人的位置和姿态以各关节相对底座侧的关节原点基准来确定。

(3) 用户坐标系

用户坐标系是用户对每个作业空间进行自定义的直角坐标系,可以定义多个用户坐标系。使用用户坐标系有时候会更方便,比如工作台是斜面的时候,定义一个 $X-Y$ 平面与斜面平行的用户坐标系，在该工作台示教或进行位置偏移时将更简单。

（4）工具坐标系

工业机器人出厂时末端是不带手爪、吸盘、焊枪等这些工具的，用户操作机器人时往往对手爪、吸盘或焊枪的末端中心点位置感兴趣，工具坐标系就是定义在这些工具中心点并随着工具一起运动的坐标系。工具坐标系的特点是<u>无论机器人怎么运动、姿态如何、工具坐标系原点都在工具末端中心点上</u>。

7.2.6 工业机器人的编程

要让工业机器人完成任务，必须编写相应的程序，常见的编程方法有两种：示教编程和离线编程。其中，示教编程包括示教、编辑和轨迹再现，可以通过示教盒示教和导引式示教两种途径实现。由于示教方式实用性强、操作简便，故大部分机器人都采用这种方式。离线编程是指利用计算机图形学成果，借助图形处理工具建立几何模型，通过一些规划算法来获取作业规划轨迹。

机器人示教编程由示教器完成，每种品牌机器人的示教器、操作界面各不相同，欧系和日系具有明显不同的风格。图7-6所示为机器人"四大家族"的示教器。

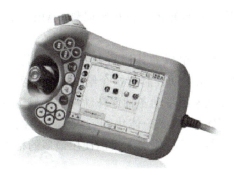

a) ABB示教器

b) 库卡示教器

c) 发那科示教器

d) 安川示教器

图7-6 "四大家族"机器人示教器

虽然工业机器人有多种品牌，编程语言也不相同，但是让机器人完成同样的任务时它们的动作、逻辑、I/O处理是相同的，熟练掌握了其中一种品牌机器人的编程方法后可以比较容易地掌握其他品牌机器人的编程。无论是哪种工业机器人，示教编程通常按以下步骤进行：

1）示教器切换到编程状态，新建工程或程序。

2）根据任务和工作环境建立用户坐标系和工具坐标系，以方便后续定点示教。

3）根据任务要求示教机器人运行轨迹，即使用示教器操作机器人到相应位置并记录、保存该位置点，选择点到点、直线或弧度等指令形成运动轨迹指令。

4）如果动作过程中需要计算或根据条件进行下一步动作，则添加相应的运算、信号等待、条件判断、循环执行等指令。

5）调试运行。

本 章 小 结

1. 国内外对机器人定义有不同的阐述。机器人根据应用环境主要分为工业机器人和特种机器人。工业机器人应用最多的是仿人手关节结构的六轴串联机器人和六轴并联机器人。

2. 工业机器人厂商主要分为日系和欧系，国外著名厂商有发那科、ABB、库卡、安川，国内有广州数控、南京埃斯顿、沈阳新松等。

3. 工业机器人由控制柜、示教器和机械本体组成，其运行基本原理是操作示教器（或执行机器人程序）发出运动指令，计算机调用运动控制器指令给伺服驱动器发送伺服信号，伺服驱动器驱动伺服电动机运转，通过减速器带动各轴连杆动作，形成运行轨迹。

4. 工业机器人具有可编程、拟人化、通用性、机电一体化的特点。工业机器人的三大关键组成是控制系统、伺服系统和精密减速器。工业机器人目前使用最多的精密减速器是谐波齿轮减速器和 RV 减速器。

5. 工业机器人主要技术参数有自由度、工作空间、工作精度、最大工作速度、工作负载和分辨率等。

6. 工业机器人常用的坐标系有世界坐标系、关节坐标系、用户坐标系和工具坐标系等。

7. 工业机器人的程序编制方法主要有两种：示教编程和离线编程。

习题与思考题

一、填空题

1. 根据机器人应用环境，可以将机器人分为两大类，即_____和_____。

2. 国际标准化组织给机器人下的定义：_____。

3. 工业机器人的机身有多种结构，典型的有_____、圆柱坐标式、球坐标式、平面多关节式、_____和_____等。

4. 工业机器人的"四大家族"指_____、_____、_____和_____。

5. 工业机器人具有_____、_____、_____和_____的特点。

6. 工业机器人的三大关键组成是_____、_____和_____。
7. 工业机器人使用最多的精密减速器是_____和_____。
8. 工业机器人常用的坐标系有_____、_____、_____和_____。

二、简答题

1. 工业机器人运行的基本工作原理是什么？
2. 工业机器人示教编程的步骤是怎么样的？

参 考 文 献

［1］双元教育．工业机器人现场编程［M］．北京：高等教育出版社，2018．
［2］戴建树，龙昌茂．焊接自动化技术及应用［M］．北京：机械工业出版社，2015．
［3］石祥钟．机电一体化系统设计［M］．北京：化学工业出版社，2009．
［4］孔祥冰，李东洁，曹宇，等．机电一体化系统设计［M］．北京：中国电力出版社，2013．
［5］于金．机电一体化系统设计及实践［M］．北京：化学工业出版社，2008．
［6］孔凡才，陈渝光．自动控制原理与系统［M］．4版．北京：机械工业出版社，2018．
［7］王爱广，黎洪坤．过程控制技术［M］．2版．北京：化学工业出版社，2012．
［8］李琳．自动控制系统原理与应用［M］．北京：清华大学出版社，2011．
［9］周德卿，南丽霞，樊明龙．机电一体化技术与系统［M］．北京：机械工业出版社，2014．
［10］牛彩雯，何成平．传感器与检测技术［M］．北京：机械工业出版社，2016．